网络安全篇

强力推进 **网络强国战略** 丛书

网络强国守护神

网络安全保障

主　编　欧仕金

副主编　于丽先　王志远

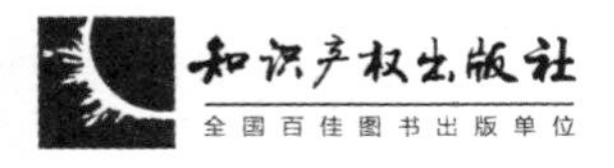

图书在版编目（CIP）数据

网络强国守护神：网络安全保障/欧仕金主编．—北京：知识产权出版社，2017.10

（强力推进网络强国战略丛书）

ISBN 978-7-5130-5111-8

Ⅰ.①网… Ⅱ.①欧… Ⅲ.①计算机网络—安全技术—研究 Ⅳ.①TP393.08

中国版本图书馆 CIP 数据核字（2017）第 218540 号

责任编辑：段红梅　张雪梅　　**责任校对：**谷　洋

封面设计：智兴设计室・索晓青　　**责任出版：**刘译文

强力推进网络强国战略丛书

网络安全篇

网络强国守护神——网络安全保障

主　编　欧仕金

副主编　于丽先　王志远

出版发行：知识产权出版社有限责任公司　　**网　　址：**http：//www.ipph.cn

社　　址：北京市海淀区气象路 50 号院　　**邮　　编：**100081

责编电话：010－82000860 转 8119　　**责编邮箱：**duanhongmei@cnipr.com

发行电话：010－82000860 转 8101/8102　　**发行传真：**010－82000893/82005070/82000270

印　　刷：北京嘉恒彩色印刷有限责任公司　　**经　　销：**各大网上书店、新华书店及相关专业书店

开　　本：720mm×1000mm　1/16　　**印　　张：**12.25

版　　次：2017 年 10 月第 1 版　　**印　　次：**2017 年 10 月第 1 次印刷

字　　数：210 千字　　**定　　价：**62.00 元

ISBN 978-7-5130-5111-8

强力推进网络强国战略丛书

编委会

总 序

20世纪人类最伟大发明之一的互联网，正在迅速地将人与人、人与机的互联朝着万物互联的方向演进，人类社会也同步经历着有史以来最广泛、最深刻的变革。互联网跨越时空，真正使世界变成了地球村、命运共同体。借助并通过互联网，全球信息化已进入全面渗透、跨界融合、加速创新、引领发展的新阶段。谁能在信息化、网络化的浪潮中抢占先机，谁就能够在日新月异的地球村取得优势，获得发展，掌控命运，赢得安全，拥有未来。

2014 年 2 月 27 日，在中央网络安全和信息化领导小组第一次会议上，习近平同志指出："没有网络安全就没有国家安全，没有信息化就没有现代化"，"要从国际国内大势出发，总体布局，统筹各方，创新发展，努力把我国建设成为网络强国。"

2016 年 7 月，《国家信息化发展战略纲要》印发，其将建设网络强国战略目标分三步走。第一步，到 2020 年，核心关键技术部分领域达到国际先进水平，信息产业国际竞争力大幅提升，信息化成为驱动现代化建设的先导力量；第二步，到 2025 年，建成国际领先的移动通信网络，根本改变核心关键技术受制于人的局面，实现技术先进、产业发达、应用领先、网络安全坚不可摧的战略目标，涌现一批具有强大国际竞争力的大型跨国网信企业；第三步，到 21 世纪中叶，信息化全面支撑富强民主文明和谐的社会主义现代化国家建设，在引领全球信息化发展方面有更大作为。

所谓网络强国，是指具备强大网络科技、网络经济、网络管理能力、网络影响力和网络安全保障能力的国家，就是在建设网络、开发网络、利用网络、保护网络和治理网络方面拥有强大综合实力的国家。一般认为，网络强国至少要具备五个基本条件：一是网络信息化基础设施处于世界领先水平；二是有明确的网络空间战略，并在国际社会中拥有网络话语权；三是关键技术和装备要技术先进、自主可控；四是网络主权和信息资源要有足够的保障手段和能力；五是在网络空间战略对抗中有制衡能力和震慑实力。

所谓网络强国战略，是指为了实现由网络大国向网络强国跨越而制定的国家发展战略。通过科技创新和互联网支撑与引领作用，着力增强国家信息化可持续发展能力，完善与优化产业生态环境，促进经济结构转型升级，推进国家治理体系和治理能力现代化，从而为实现“两个一百年”目标奠定坚实的基础。

实施网络强国战略意义重大。第一，信息化、网络化引领时代潮流，这是当今世界最显著的变革特征之一，既是必然选择，也是当务之急。第二，网络强国是国家强盛和民族振兴的重要内涵，体现了党中央全面深化改革、加强顶层设计的坚强意志和创新睿智，显示出坚决保障网络主权、维护国家利益、推动信息化发展的坚定决心。第三，网络空间蕴藏着巨大的经济、科技潜力和宝贵的数据资源，是我国社会经济发展的新引擎、新动力。它与农业、工业、商业、教育等各行业各领域深度融合，催生出许多新技术、新业态、新模式，提升着实体经济的创新力、生产力、流通力，为传统经济的转型升级带来了新机遇、新空间、新活力。第四，互联网作为文化碰撞的通道、思想交锋的平台、意识形态斗争的高地，始终是没有硝烟的战场，是继领土、领海、领空之后的“第四领域”，构成大国博弈的战略制高点。只有掌握自主可控的互联网核心技术，维护好国家网络主权，民族复兴的梦想之船才能安全远航。第五，国家治理体系与治理能力现代化，需要有效化解社会管理的层级化与信息传播的扁平化矛盾，推动治理的科学化与精细化。尤其是物联网、大数据、云计算等先进技术的涌现为之提供了更加坚实的物质基础和高效的运作手段。

经过20多年的发展，我国互联网建设成果卓著，网络走入千家万户，网民数量世界第一，固定宽带接入端口超过4亿个，手机网络用户达10.04亿人，我国已经是名副其实的网络大国。但是我国还不是网络强国，与世界先进国家相比，还有很大的差距，其间要走的路还很长，前进中的挑战还很多。如何实践网络强国战略，建设网络强国，是摆在中华民族面前的历史性任务。

本丛书由战略支援部队信息工程大学相关专家教授合作完成，丛书的策划、构思和编写围绕以下问题和认识展开：第一，网络强国战略既已提出，那么，如何实施，从哪些方面实施，实施的路径、办法是什么，存在的问题、困难有哪些等。作者始终围绕网络强国建设中的技术支撑、人才保证、文化引领、安全保障、设施服务、法律规范、产业新态和国际合作等重大问题进行理论阐述，进而提出实施网络强国战略的措施和办法。第二，网络强国战略既是一项长期复杂的系统工程，又是一个内涵丰富的科学命题。正确认识和深刻把握网络强国战略的内涵、意义、使命和要求，无疑是全面贯彻落实网络强国战略的前提条件。丛书的编写既是作者深入理解网络强国战略的认知过程，也是帮助公众深入理解网络强国战略的一种努力。第三，作为身处高校教学一线的理论工作者，积极投身、驻足网络强国理论战线、思想战线和战略前沿，这既是分内之事，也是践行国家战略的具体表现。第四，全面贯彻落实网络强国战略，既有共同面对的复杂现实问题，又有全民参与的长期发展问题。因此，理论研究和探讨不可能一蹴而就，需要作持久和深入的努力，本丛书必然会随着实践的推进而不断得到丰富和升华。

为了完成好本丛书的目标定位，战略支援部队信息工程大学校党委成立了“强力推进网络强国战略丛书”编委会，实行丛书主编和分册主编负责制，对我国互联网发展的历史和现状特别是实现网络强国战略的理论和实践问题进行系统分析和全面考量。

本丛书共分为八个分册，分别从技术创新支撑、先进文化引领、基础设施铺路、网络产业创生、网络人才先行、网络安全保障、网络法治增序、国际合作助推八个方面，对网络强国建设中的重大理论和实践问题进行了梳理，对我国建设网络强国的基础、挑战、问题、原则、目标、重点、任务、路径、对策和方法等进行了深入探讨。在撰写过程中，始终坚持突出政治性，立足学术性，注重可读性。本丛书具有系统性、知识性、前沿性、针对性、实践性、操作性等特点，值得广大人文社科工作者、机关干部、管理者、网民和群众阅读，也可供大专院校、科研院所的专家学者参考。

在丛书编写过程中，得到了中央网信办负责同志的高度关注和热情鼓励，借鉴并引用了有关网络强国方面的大量文献和资料，与多期“网信培训班”的学员进行了研讨，在此一并表示衷心的谢忱。

邬江兴

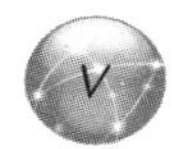

目　录

第一章　网络安全的科学内涵

当今，人类社会正在走向愈加高度信息化、网络化便愈加“危险”的时代，网络空间正日益成为关系国际及国家安全的重要领域。对此，习近平总书记在2014年2月27日的重要讲话中明确指出：“没有网络安全就没有国家安全，没有信息化就没有现代化。”面对新时代带来的便捷与危险，每个人都应该深刻理解网络空间安全的科学含义，增强维护网络安全的自觉性，养成依法上网的行为习惯，这对于国家、社会、个人利益的保护，对于推进网络强国战略都具有极其重要的意义。

一、网络安全的含义

伴随着信息网络技术突飞猛进的发展，互联网已经成为创新最活跃、渗透最广泛、影响最深远的领域。互联网以其通用、交互、开放和共享四大本质属性以及便捷、扁平、规模、集聚、普惠的五大优势正加速向经济社会各领域渗透融合，不断催生新产品、新产业、新模式、新业态，深刻改变着个人生活、企业生产、经济运行、社会管理、公共服务等社会发展的方方面面。与此同时，网络攻击窃密、技术漏洞隐患等问题引发的网络安全威胁也日益凸显，主要表现是网络攻击目标广泛、手段翻新、后果严重。以2014年为例，网络攻击目标从政府机构扩大到民众社会生活的各个方面，电信、金融、能源等多领域遭到攻击，导致大量个人、企业、政府信息泄露。“韩国电信”官网遭频繁攻击，1200万用户个人信息被盗取泄露；美国多家银行、电商遭受网络攻击，海量数据和用户信息被泄露；以色列总理办公室、情报机关、国防部、司法部和国家安全委员会等多家政府网站受到攻击，全面瘫痪。2013 年 6 月，美国中央情报局合同制雇员斯诺登向世界披露了“棱镜”系统的存在，激起了全球震惊，并引发了极大的关注；2014 年 3 月，美国宣布准备放弃商务部通讯管理局对网络地址与名称分配当局（ICANN）的管理，考虑将其转交给一个基于“多边利益相关方模式”构建的国际新机构，再度引发了对全球网络空间基础设施和关键资源如何实施有效管辖的热议；2014 年 5 月，美国司法部起诉所谓中国黑客的举动，再度向世界表露了美国尝试在网络空间构建并护持严格服务于美国国家利益的秩序以及行为准则的战略野心。与此同时，从 2010 年开始至 2014 年下半年，各类非国家行为体，如“维基解密”“匿名”“四月六日青年运动”和后来的 ISIS 等，以及大量通过网络组织动员的行动，从“阿拉伯之春”到“伦敦骚乱”，再到“占领华尔街”“香港占中”等，向全世界展现了跨国活动借助网络的力量挑战国家安全的可能；自 2014 年 12 月开始，索尼影业公司遭遇网络黑客袭击，随后触发朝鲜与美国在网络空间的某种基于对抗的互动博弈；在伊拉克和叙利亚地面高速扩张的极端组织“伊斯兰国”，统一在网络空间展开恐怖行动，宣称支持该极端组织的黑客团体甚至成功入侵了包括美国中央司令部在内的多个账号，一度停留在研究者假设情景中的网络空间的对抗和攻击以人们未能预见的速度迅速转变为某种现实。以上种种都是我国建设网络强国所处的环境和面临的挑战。由此可见，针对政府部门设施、行业领域设施及社会民众生活的大量网络攻击行为已呈现出肆无忌惮、泛滥成灾的特点，消除网络安全威胁已成为各国政府的重要任务和国家战略。

我国推进网络强国的战略，根本的要求是要与“两个一百年”奋斗目标同步推进，即各地区、各部门要把网络工作放在实现“两个一百年”奋斗目标的工作大局中一同谋划，一同部署，一同推进，就是“要建设战略清晰、技术先进、产业发达、攻防兼备的网络强国”，具体来说，即技术要强、内容要强、基础要强、人才要强、国际话语权要强。这样的网络强国，必然是在技术先进、产业发达、攻防兼备基础上的制网权尽在掌握、网络安全坚不可摧的国家。我们必须占领信息化的制高点，牢牢掌握网络安全主动权。

网络安全是网络空间意识形态安全、数据安全、技术安全、应用安全、资本

安全、渠道安全、关防安全的总称。一切通过网络空间进行的活动及其数据链路、设备运转、关口设防等都要确保安全。网站要不被黑客攻击，系统要不被病毒感染，信息数据要不被泄露窃取，上网行为要依法规范约束，风险隐患要有效监察管控等。总之，网络安全就是要实现网络空间内容健康、上网秩序规范良好、依法治网卓有成效、防控攻击手段管用、推进发展助力正能量的功效。一言以蔽之，即依法掌握制网权。

网络信息安全在当今“互联网＋”和“＋互联网”中的地位和作用更加突出。近年来，基于信息网络的技术创新、变革突破、融合应用空前活跃，云计算、大数据等新技术高速发展，工业互联网、电子商务、互联网医疗、互联网金融以及“可穿戴”“智慧城市”“移动健康”等广泛的新业务持续创新应用，深入融合到各行各业。互联网自有的安全风险与各行各业的安全问题相互交织、互相影响，呈现出更加复杂的局面，伴生性网络安全威胁和传统网络安全问题相互渗透、持续发酵，网络安全已经成为推进“互联网＋”和“＋互联网”的重要保障。日益凸显的网络安全威胁趋势和难题主要表现在以下几个方面：一是传统网络安全威胁迅速向各新兴领域蔓延，与各行各业的安全问题交织渗透、相互影响，安全问题更趋复杂；二是网络数据资源和用户信息安全问题更加突出，如何保护网络数据已成为一个世界性难题；三是传统安全保护手段难以应对新兴安全威胁和新的保护需求；四是适应“互联网＋”和“＋互联网”领域的针对性安全技术有待突破，安全产业保障新网络安全的能力亟须提升；五是安全管理遇到新的挑战，管理模式亟待调整完善。为此，《关于积极推进“互联网＋”行动的指导意见》中提出了保障网络安全的具体举措：制定国家信息领域核心技术设备发展时间表和路线图，提升互联网安全管理、态势感知和风险防范能力，加强信息网络基础设置安全防护和个人信息保护。实施国家信息安全专项，开展网络安全应用示范，提高“互联网＋”安全核心技术水平和产品等级。按照信息安全等级保护制度和网络安全国家标准要求，加强“互联网＋”关键领域主要信息系统的安全保障。建设完善网络安全监测评估、监督管理、标准认证和创新能力体系。重视融合带来的安全风险，完善网络数据共享，利用有效安全的管理和技术措施，探索建立以行政评议和第三方评估为基础的数据安全流动认证体系，完善数据跨境流动管理制度，确保数据安全。国家的关注和筹划建设是网络安全的基础和关键。

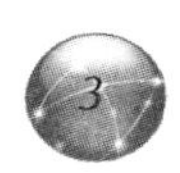

二、网络安全的体系结构

网络安全具有严密的体系结构，它由网络安全的思想观念、管理体制机制、内容体系、法律体系、管控手段等组成。

（一）网络安全的思想观念

网络安全在国家安全中具有重要的地位，是国家总体安全的重要组成部分。国家总体安全包括国家主权政权意识形态安全、领土领海领空安全、经济政治文化社会安全、能源交通安全等，也包括网络安全。其中，网络安全威胁为非传统安全威胁的重要内容，其固有的基础性、渗透性、融合性、广延性等特点使其渗透于其他传统安全领域的全方位、全要素、全过程。信息网络无孔不入的延展使网络安全问题无处不在、无时不有，使之成为牵一发而动全身的国家安全因素。因此，习近平总书记反复强调："没有网络安全就没有国家安全。"

当前，我国网络安全面临严峻挑战，网络病毒、网络攻击、网络窃密等事件频繁发生，维护网络安全制度不健全、手段不先进、措施不得力。我国金融、能源、通信、交通、广播电视、水利、环境保护、民用核设置等重点行业中，半数行业安全防护水平比较低，难以抵御一般性的网络攻击，几乎所有的行业都难以抵御有组织、大规模的网络攻击。以 2013 年为例，当年我国共有 2430 个政府网站被篡改，同比增长 34.9%。2014 年 6 月，乌克兰、美国、韩国以及中国香港地区等的 2322 个 IP 地址通过植入"后门"对国内 3841 个网站实施了远程控制。可见，当今作为非传统安全威胁的网络安全威胁已成为国家安全的一大隐患。对此，各级政府部门和广大网民要高度重视，并强化防范意识和安全保障措施。

要形成全新的国家网络安全观。首先，全新的国家网络安全观的核心要义在于理解当前国际相互依存又彼此激烈竞争的新环境。要求世界各国在制定本国的网络安全战略中，能够有效地超越传统安全观的影响，在充满不确定性的复杂安全环境中，构建自身的国家网络安全战略。这种战略必须在生存和发展之间找到一个有效的均衡点，以可持续、可承受的方式，在网络空间有效保障包括主权在内的国家核心利益，同时确保国家可以持续有效地享受到信息技术快速发展带来的对整体国家力量的种种增益效果。其次，这种国家网络安全观必须包含全球网

络空间秩序建构的内容。当下，不同国家的网络安全观可根据其对全球网络空间秩序的理解来区分。以美国为例，其对全球网络空间秩序的理解建立在“先占者主权”这一从殖民时代的大冒险中遗留下的原则基础上，强调占有量领先优势的行为体能够在网络空间享有最大限度的自由。再次，这种国家网络安全观必须提供新的政策工具，以便在开放性的全球网络空间避免大国政策的悲剧，超越安全困境的局限。美国在全球网络空间追求霸权的行动，无论是 2000 年运用“梯队系统”监听欧洲商业对手的机密通信，还是 2001 年“9·11”恐怖袭击事件之后屡次被曝光的监听项目，又或者是 2013 年被披露的“棱镜”系统，总体上都可以看作传统领域谋求绝对安全和霸权优势的安全战略在网络安全领域的投影。全球网络空间不可能完全置身于事外而不受传统大国政治与安全博弈的影响，但全球网络空间自身固有的特性，如自愿基础上的开放互联为持续存在的前提条件，也为超越传统安全困境提供了重要的条件。最后，任何国家追求的网络安全观本质上都是国家主权在网络空间的投影和实践，主要的区别在于：霸权国家谋求的是自我中心和排他性的实践，淡化乃至阻止其他国家使用主权观念，只顾自身谋求主权扩张，妄图将全球网络空间置于单一主权的管辖之下；发展中国家和新兴大国关注的是以主权平等为基础的“游戏规则”，真正使全球网络空间成为推动人类社会整体发展的全新疆域、重要平台和普适工具。只有这样，才能为那些技术上处于相对弱势的行为体提供合理利用网络空间资源的制度保障和法律基础，而不是把主权作为屏障，阻挡全球网络空间的成长、拓展和数据的跨国流动。我国的出路在于，推动构建多数国家能够从中均等获利的网络治理新秩序。

（二）网络安全的管理体制机制

要变“九龙治水”为“一龙治水”。网络安全的管理体制机制对网络安全起着把关定向的作用。我国原有互联网管理体制存在明显弊端，主要是多头管理、职能交叉、权责不一、效率不高。这些体制机制弊端严重影响到我国互联网的健康发展，影响到网络安全威胁的有效治理。因此，加快完善我国互联网管理领导体制，成为党的十八届三中全会 60 项改革任务中的一项重要内容。这一改革任务的提出，就是要把“九龙治水”的混乱局面变为“一龙治水”的权责共担，就是要整合相关机构职能，形成从技术到内容、从日常安全到打击犯罪的互联网管理合力，确保网络的正确运用和安全，从而将互联网治理体系现代化纳入国家治理体系和治理能力现代化的建设之中，并成为其重要的组成部分。为此，我国成立了以习近平总书记任组长的中央网络安全和信息化领导小组，旨在设立一个中央层面的更加强有力、更有权威性的领导机构，实现集中统一领导，切实解决长期以来有机构、缺统筹，有发展、缺战略，有规模、缺安全的系列问题，确保网络安全和信息化健康发展。领导小组发挥集中统一领导作用，在关键问题、复杂问题、难点问题上起决策、督促、指导作用，统筹协调涉及经济、政治、文化、社会、军事等各个领域的网络安全和信息化重大问题。在其之下成立了中央网络安全和信息化办公室，贯彻落实领导小组作出的决定事项和部署要求，做好网络意识形态、网络安全和信息化重点工作。同时，汇总各地区各部门网络安全信息、信息化建设情况，及时向中央领导小组和党中央汇报。各成员单位要同中央网络安全和信息化办公室建立工作机制，领导小组成员单位要团结合作、齐心协力，抓紧抓好网络安全和信息化工作。各省区市建立相应机构，全面推进网络安全和信息化各项工作。目前，中央网信办的组织机构在不断健全，全国各省市的网络安全和信息化领导小组成立运行，一个覆盖中央和地方的网络安全和信息化领导体系已经形成，统筹管理、协调一致的国家网络空间治理新常态展现在世人面前。

（三）网络安全的内容体系

网络安全是一个复杂的体系安全问题，就其核心内容而言主要包括意识形态安全、数据安全、技术安全、应用安全、资本安全、渠道安全、关防安全等。其中，意识形态安全是第一位的，是政治安全即政权安全、制度稳固的基础。要维护政权安全和制度安全，关键之一是维护网络意识形态安全。因为在政治安全中意识形态安全地位独特，在整个意识形态中网络意识形态又有其特殊的定位，互联网已经成为舆论斗争的主阵地、主战场、最前沿，所以必须掌握网络意识形态斗争的主动权，打好网络意识形态主动仗。可以说，掌握网络意识形态主导权，就是守护国家的主权、政权和发展权。而数据安全、技术安全、应用安全、资本安全、渠道安全和关防安全则要依靠不断的技术进步和依法治网动态地实现。

（四）网络安全的法律体系

推动网络安全立法，建设完善网络安全法律体系。网络安全立法是依法治网

的重要环节，更是规范网络秩序的重要手段。只有给网络建设的各个环节和网上一切行为画出底线、红线，并对触碰者严惩不贷，网络安全风险隐患的治理、网络秩序的维护才能蔚然成风，成为自觉。美国前总统奥巴马于 2014 年 12 月 18 日签署了四个法案，分别是《联邦信息安全管理法案》《边境巡逻员薪资改革法案》《国家网络安全保护法案》及《网络安全人员评估法案》。四个法案旨在加强美国抵御网络攻击的能力。

我国也正在推出和实践依法治网的基本策略，加紧制定网络规则和推动网络安全立法。党的十八届四中全会以后，我国网络空间法制化进程加快，网络立法、司法、执法并行并重。中央网信办落实四中全会“依法治国”精神，举办“学习宣传党的十八届四中全会精神，全面推进网络空间法制化”座谈会，提出依法管网、依法办网、依法上网，全面推进网络空间法制化，发挥法治对引领和规范网络行为的主导作用。实践中，中央网信办聚焦制定立法规则，完善互联网信息内容管理、关键信息基础设施保护等法律法规，对重要产品和服务提出安全管理要求。召开重点网站管理人座谈会，研讨重点网站如何做依法办网的践行者和推进网络空间法治的引领者。此后，中央网信办加快推动制定网络空间未成年人保护法、电子商务法等。其余相关法律也在制定中。

依法治网是统筹推进网络强国战略的根本之举。要聚焦长治久安，践行依法治网的网络强国理念，完善网络空间政策法规和规章制度，创新协同多元力量参与完善国家网络法治体系的新模式，使依靠法制规范管理网络行为的能力越来越强，尽快构建起驱散“网络雾霾”的国家网络空间治理长效机制。

（五）网络安全的管控手段

一是建立网络安全审查制度。为了维护国家网络安全、保障中国用户合法利益，我国即将推出网络安全审查制度，关系国家安全和公共利益的系统使用的重要技术产品和服务必须通过网络安全审查。中央网信办即将出台 APP 应用程序发展管理办法，并提出网络安全标准的制定和完善办法，以公正、公平的方式推进网络安全标准化建设，堵住网络设备软硬件各种漏洞和人为预留的“后门”。

二是建议开发国家网络空间安全态势感知预警系统。基于大数据的国家网络空间安全态势感知预警系统的研发，对于推进国家网络信息大数据战略、开创网

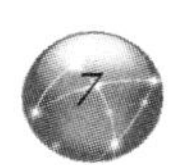

络空间大数据技术处理新时代、支撑网络治理、维护网络主权、掌握网络空间意识形态斗争主动权都具有十分重要的战略意义。首先，该系统有利于最大限度地知己知彼，掌握网络空间意识形态斗争主动权，助力提升我国国际话语权和影响力。该系统可实现对网络空间信息大数据高速筛选分析和隐患风险及时预警，大幅提高工作效率；终结对网络空间隐患风险的抓取、分析、处置人海战术低效运作局面；拓展大数据利用功效，对大数据资源去粗取精、去伪存真，分类储存，然后提供给相关部门开发、利用和保护，以服务于经济、政治、文化、社会、国防、外交等的建设发展；知己知彼，掌握主动，提升我国国际话语权和影响力，进而影响世界格局，掌握国际规则主导权。其次，该系统有利于最大限度地用好技术力量和成果资源，开发、集成综合高效平台，助力有效管控网域资源和维护国家网络主权。要充分利用信息技术和网络空间安全学科国家人才优势，研发大数据在线分析为主的国家网络空间安全态势感知预警系统、总控操作平台和安全态势大数据资源分类储存及更新库；组织军地技术精英集成优化已有的“中国网信大数据库”“国家互联网舆情分析大数据平台”“国家互联网基础资源大数据平台”，同时关联“大数据安全关键标准和验证平台”；链接各省、自治区、直辖市网信办舆情监察系统，发挥地方积极性。最后，该系统有利于最大限度地满足需求功能，精心进行系统设计，以助力提升网信中心的感知预警能力。充分利用大数据技术及国产化成果，建立一个自主可控、高效能、高可用、低功耗、可线性扩展的国家网络空间安全态势感知预警系统，以胜任全面感知、支撑治理、预测预警、应急调控、形成威慑的任务。这一系统将高度集成国产化的大数据平台、大数据在线分析系统、系统调度控制平台、国家网信大数据等资源，以及军地相关先进技术成果，拥有超算容错、在线分析、智能关联、追踪溯源、态势预测、规模存储、可视化展示等能力，可以极大改善网信机构的手段和能力，全面提升国家网络空间安全态势的感知预警水平。

三、网络安全的核心内容

网络安全的核心内容主要包括“七个安全”，即意识形态安全、数据安全、技术安全、应用安全、资本安全、渠道安全、关防安全，其中意识形态安全居于首位。皮之不存，毛将焉附？每个安全都要认真研究，把好关口。

（一）维护好网络的意识形态安全

网络意识形态在国家整个意识形态中居于特殊地位。现时代，现实世界安全与虚拟世界安全相互影响，社会高度开放，微信、微博等新兴媒体广泛应用，各种思想文化交融交锋更加频繁，网络舆论的意识形态话语权争夺日益激烈，网络民间舆论的影响力越来越大。敌对势力更是把互联网等作为寻衅滋事和扩散升级社会矛盾的主要渠道，引发的“颜色革命”导致的社会动荡、政权更迭发生在一夜之间。中东北非多国近年的社会动荡、政权更迭及持续混乱说明，国际敌对势力掌握了网络舆论斗争主动权，就会寻衅滋事和扩散升级社会矛盾，迅速诱导瓦解国家政权赖以生存的社会政治基础，促使现有国家“大厦”坍塌。可见，当今互联网已经成为舆论斗争的主渠道、主阵地、最前沿。我们必须吸取教训，打好网络意识形态主动仗，始终牢牢掌握网络意识形态斗争主动权，始终把意识形态工作的领导权、管理权、话语权牢牢掌握在党的手中。必须充分用好互联网这个“阿里巴巴宝库”，服务中华民族复兴大业；必须坚决管好互联网这个“潘多拉魔盒”，顶住国际反华势力的网上渗透、诱导和攻击、破坏，从而推进互联网健康可持续地发展。

网络意识形态斗争的卓有成效在于把握网络舆论阵地实情和斗争规律。习近平总书记在谈到网上舆论工作时指出，思想理论领域大致有三个地带：第一个是红色地带，主要是主流媒体和网上正面力量构成的，这是我们的主阵地，一定要守住，决不能丢掉。第二个是黑色地带，主要是网上和社会上一些负面言论构成的，还包括各种敌对势力制造的舆论，这不是主流，但其影响力不可低估。第三个是灰色地带，处于红色地带和黑色地带之间。对不同地带，要采取不同策略。对红色地带，要巩固和拓展，不断扩大其社会影响。对黑色地带，要勇于进入，钻进铁扇公主肚子里斗，逐步推动其转变颜色。对灰色地带，要大规模开展工作，加快使其转化为红色地带，防止其向黑色地带蜕变。习近平总书记关于“三个地带”的划分是重大的理论创新，是对毛泽东同志统一战线“三三制”理论的创新和发展，明确了网络工作的阵地和主攻方向，对打好网络意识形态主动仗，对牢牢把握网络意识形态领导权、管理权、话语权有很强的指导意义。

互联网是全球互联互通的，国际话语权不仅是舆论问题，更是安全问题。一是国际话语权要强，这是网络强国的标志之一。强就强在“说出去的话闻之者众、听之者从。要积极开展双边、多边互联网国际交流合作，扩大我国互联网国际话语权，牢牢掌握网络空间制网权”。二是把网络安全问题作为国际交往的重要议题。近年来，习近平总书记在莫斯科国际关系学院的演讲、在印度尼西亚国会的演讲、在第四次亚信峰会的演讲、在和平共处五项原则发表 60 周年纪念大会上的讲话、在中国与拉美加勒比共同体高端峰会上的演讲中，都提出了网络安全问题。特别是 2015 年年底成功筹划召开了第二次互联网安全国际大会，表明我国已把网络安全作为开展国际合作的重要议题。三是提出中国的国际网络安全观。习近平总书记在巴西国会演讲时首次提出并充分阐述了中国的网络安全立场和观点，指出：“在信息领域没有双重标准，各国都有权维护自己的信息安全，不能一个国家安全而其他国家不安全，一部分国家安全而另一部分国家不安全，更不能牺牲别国安全谋求自身所谓绝对安全。国际社会要本着相互尊重和相互信任的原则，通过积极有效的国际合作，共同构建和平、安全、开放、合作的网络空间，建立多边、民主、透明的国际互联网治理体系。”这一安全观引起广泛的国际共鸣，也成为我国制定网络安全战略的指导。

要坚持尊重网络主权原则，推进全球互联网治理体系变革。网络是国家的第五疆域，网络主权根植于现代法理，是现代国家主权在网络空间的延伸。网络相关法律规定与政策出台、政府管理与行政执法、司法管辖与争议解决、全球治理与国际合作等都是网络主权的行使方式。美国已把网络安全纳入国土安全管理范围，相继出台了《网络安全信息共享法案》等一系列法律法规，突出体现了对网络主权的维护。2013 年，美国政府公开宣称，对美国实施网络攻击将被视为战争行为并予以武力还击。但美国对他国实施网络攻击、网络监听，则被叫作“网络自由”“信息共享”。这就是美国的网络主权观，实质是网络霸权。对于这种只要自己的主权，无视他国主权，只要本国安全，无视他国安全的行径，国际社会强烈愤慨，坚决反对，普遍呼吁尊重各国网络主权，反对美国的网络霸权。

（1）尊重网络主权是反对网络霸权的必然要求

自从 1648 年威斯特伐利亚和会确立国家主权原则以来，坚持主权、反对霸权就成为国际体系实践的重要内容，是国家间交往的底线。人类走到 21 世纪，曾经由几国决定世界大事的境况已一去不复返。当今世界上的事情越来越需要各国共同协商。但一些国家却抱着“冷战”思维不放，无视他国网络主权，企图推进网络霸权，已经成为全球互联网体系变革和治理的最大障碍。得道多助失道寡助，尊重网络主权已是绝大多数国家的共识。因此，只有尊重网络主权，不搞网络霸权，不干涉他国内政，不从事、纵容或支持危害他国国家安全的网络活动，才能推进全球互联网治理体系朝着人类追求的公正合理的方向发展。

（2）尊重网络主权是维护和平安全的重要保证

网络安全是全球性挑战，没有哪个国家能置身事外、独善其身，包括中国在内的很多国家，都是网络恐怖主义、网络监听、网络攻击、网络窃密的受害国。只有尊重网络主权，携手合作、共同应对，合力反对网络监听、网络攻击、网络空间军备竞赛和网络恐怖主义，才能切实维护和构建一个稳定繁荣的网络空间，切实维护网络空间和平安全。

（3）尊重网络主权是坚持开放合作的基本前提

世界各国在谋求自身发展的同时，应当积极推进互联网领域的开放合作，要共享国际互联网发展成果，就要创造更多的利益契合点、合作增长点、共赢新亮点。只有尊重网络主权，摒弃零和博弈、赢者通吃的旧观念，坚持同舟共济、互信互利的新理念，各国才能在网络空间优势互补、共同发展，才能让更多国家和人民搭乘信息时代快车、共享信息化生活方式。

总之，网络主权已经成为国家主权的重要组成部分，没有网络主权，国际主权、国家主权就是不完整的；没有网络主权，国际网络空间秩序将混乱无序，多利益相关方的权益也无从保障；没有网络主权，互联网造福人类的初衷无法实现，其存在和发展也将失去意义。只有尊重网络主权，各国才能自主制定适合本国国情的政策法规，并依法开展网络空间治理，构建良好的网络秩序。中国是网络主权的倡导者和坚定有力的维护者。我们坚持正确处理网络空间自由与秩序、安全与发展、开发与自主的关系，走中国特色的治网之路。

要从本质上把握网络空间信息传播机制，凝聚网络文化正能量。在技术驱动的网络空间，信息传播的不可预见性前所未有。各种相关因素在一定环境下相互联系、相互作用的运行规则和原理彻底改变了人类社会信息传播的方式。为此，从本质上弄清、把握网络空间信息传播的机制，揭示网络空间信息传播的规律，助力凝聚网络文化正能量和防范隐患风险于未然，已经成为国家网络空间治理体系和治理能力现代化的基础环节和战略问题。

网络空间信息传播的机制可以概括为“五重效应”，即“光电效应”“蝴蝶效应”“晕轮效应”“化合效应”“钟摆效应”。

“光电效应”是信息从实体空间向网络空间映射的基本形式。一是现实事件随时产生、随时上网传播，一个个可能引发网络舆论事件的“光子”在网络空间比比皆是，一些事件触发网络空间舆论波动，形成网络传播流，这种转变过程即光电效应。二是网络空间移动终端迅速发展，便利了我国 6 亿多网民将随时产生的各类信息即时发布、随地发布，形成海量网络新闻，为网络舆论光电效应的产生提供了受体。三是网络舆情环境千变万化，触发因素与受体耦合的环境随时可见，使网络空间光电效应的产生更加容易。

“蝴蝶效应”展现网络空间信息传播效果的突变。敏感信息在网络上一经出现，就会以极快的速度扩散，信息受体数量成指数级暴增，产生蝴蝶效应。现实中的微小事件会在网络空间迅速形成始料不及的连锁反应并产生巨大的影响。一是网络空间全球互动、即时互动，为信息的传播扩散提供极大的环境，使各种舆论信息很容易实现急速膨胀扩散，最终聚变为舆论风暴，影响民情。二是各种社交平台日益发达，聚合力强，为信息的传播扩散提供了便捷的工具，吸引广大网民不知实情下的情绪化讨论成为现实。三是网络生活已经形成，网络空间已经成为政治大广场、经济新引擎、文化新媒介、社交新平台，不仅改变了现实空间的信息传播流程，而且改变着人类社会的生产和生活方式、思维行动模式。人以群分的各类社交群为各种信息涌动萌发和裂变式传播扩散提供了母体。

“晕轮效应”是网络空间信息受众接受信息的基本模式。在网络空间中，受众对于任何网上传播的信息都难以做到一清二楚，他们大多数会采信关系近的、印象好的人的言论，或是大众言论，从而导致网络“晕轮效应”十分普遍。一是信息受众往往是社交群落成员，相互间在“熟人社会”式的集体中容易形成互信。二是网络空间信息受众呈现突出的从众现象，导致个体智慧丧失。三是大数据时代网络信息的“淹没”效果导致群体出现对信息含义的认同。

“化合效应”是网络空间传播信息的变异机制。化合效应本义是指两种以上的物质经过化学反应生成新物质。网络空间信息传播不是稳定的单向传播，而是充满不确定性的互动传播，其中有的是保持原内容的扩大式传播，有的则是自我附加信息淹没原本信息内容的变异式传播，出现传播转向的“化合效应”。一是网络空间各种信息可长期存留，一旦出现引发信息关联的导火索，大量相关信息就会人为地关联聚合形成事态。二是网络空间信息传播途径全程存在新质信息加入的可能，大大增加了多元信息的相互反应和变异概率。三是网络空间一些组织和个人受利益驱使，竭力博得高度关注、高点击率的主观动机把化合效应推向频发多发境地。

“钟摆效应”是网络空间信息扩散的影响效应。在网络空间，社会地位越高，影响范围就越大。网络空间权威机构网站、社会名流微博、意见领袖言论等既是信息传播的风向标，也是信息传播速度和扩散范围的控制器。一是权威机构涉足的网站、网页具有更高的可信度。官网和有影响的个人网站发布的任何信息，同一时间传播的网民数量规模远远超过一般网站。二是网络意见领袖发布的信息具有更强的影响力。那些拥有海量粉丝的网络意见领袖的言论很容易引导舆论走向，形成有利于获得网民信任的氛围。如果网络“大V”发布谣言，就会以讹传讹，导致不良的社会影响。三是广大信息受众普遍关注的信息具有更强的冲击力，涉及国计民生方面的信息关注度更高，具有更强的传播势能。

对上述五大效应的科学理解和把握，重在使其在传播正能量上发挥作用，并有效抑制其聚合负能量的作用。这对用好网络空间信息传播的规律、打好意识形态主动仗意义重大，是确保网络意识形态安全的重要一环。因此，网络空间信息传播必须选择好大众利益驱动这个方向，必须在宣传内容的艺术性上下功夫，必须选择多平台发布，必须把握权威性话语权等。

（二）维护好网络的数据安全

在移动互联网、云计算快速发展的环境下，数据成为用户信息的核心资产。网络数据如果不能从基础结构上得到有效保障，信息安全就会成为建筑在沙滩上的大厦，难逃倒塌的命运。特别是“棱镜门”事件的发生及持续发酵，促使个人隐私数据、政府资源数据和企业产品数据等正在形成安全防护浪潮，社会金融、保险、运营商和央企等即将迈入数据安全建设的高峰期，而政府行业用户由于便民服务需求的紧迫性将紧随其后快速启动。但到目前为止，我国尚未形成统一的网络安全防御体系，在抵御重要网络威胁、应急重要网络事件时，速度远远落后于发达国家。我国在网络空间中的重要资源数量还远低于其他国家，在漏洞修复趋势和危机应急反应能力方面与网络大国地位极不相称。在如此复杂的环境下，又急速迈入大数据时代，使数据安全保障雪上加霜。网络数据量大、类型繁多、形式丰富，包括20%的传统结构数据，如数字、文本等，以及80%的非结构化数据，如视频、音频、网络页面、电子邮件等。这些数据覆盖范围广，在复杂网络中快速传输，实现全球信息交互。数据库软件的采集、存储、管理和分析等能力具有结构性和关联性数据集合的特点。虽然大数据的发展加速了数据量的扩张和大数据技术的应用更新，但是由于大数据本身涉及的相关技术还不够成熟，软硬件均存在漏洞，加之大数据所处的网络环境高度开放，使用人员复杂，以及相关法律不健全甚至缺失，多重因素造成大数据时代的网络环境比以往任何时代都要复杂，使数据安全问题异常突出。例如，大数据时代窃取及贩卖数据的黑色产业链不断加速升级。由于大量数据的汇集，数据间相互关联，黑客一旦攻击成功，将获得更多的数据量和更丰富的数据种类，贩卖途径扩大，带来更大范围数据的安全及隐私泄露问题。

然而，虽然大数据环境下数据安全及隐私保护面临严峻挑战，但是大数据所涉及的相关技术的思想可为实现网络安全提供技术指导。例如，通过对网络数据的大量搜集、分析及整合，可分析当前网络安全态势，发现安全问题，从而提醒相关部门积极采取相应的安全防护措施。目前已有企业采用安全基线与大数据分析技术实现了网络异常行为及安全威胁检测。事实上，大数据将会推动整个安全行业发生重大转变，大数据分析将给信息安全领域带来信息安全事件管理、用户身份认证、网络监控等大数据类产品，在诸如金融、国防等关键领域率先利用分析，找出潜在的网络安全威胁。

应对数据自身、数据技术以及数据应用等可能出现的安全威胁问题，利用大数据实现数据安全防护，各国重点在立法、制度、技术三方面推进相应的应对策略，如制定国家大数据战略，其中美、英、法、日、印等国均将大数据视作强化国家竞争力的关键因素之一，把大数据研究和生成计划提高到国家战略层面筹划，加快数据安全防护的数据加密防护、网络隔离防护等技术研究。我国大数据安全举措应在如下几个方面下功夫。第一，研究制定及实施大数据安全标准体系。统一的安全标准体系是信息技术安全的保障基础，它主要包括：信息技术安全通用评估准则 ISO/IEC 15408 及其安全性评估准则 GB/T 18336、防火墙安全监测标准等；大数据数据标准，即数据管理标准、数据技术标准及应用产品如数据存储产品和数据共享产品等的安全测评标准、数据防护的安全保护标准等。研究制定及实施各类数据标准，尽快形成数据的有机标准体系，才能确保数据管理、存储、使用等过程的安全。第二，研究大数据安全关键技术。针对大数据产生、采集、传输、存储、处理、分析、应用等阶段，对大数据涉及的物理安全、存储安全、访问安全、系统安全、网络安全等技术进行深入研究。第三，开发基于大数据研究的网络安全分析技术。大数据时代的网络海量信息中包括网络攻击行为（痕迹）数据。一方面，可利用海量数据实施随时关联行为分析，及时发现行为异常，实现网络态势感知，进行全网安全预警；另一方面，可以开展基于大数据的网络攻击追踪研究，把握其攻击模式、攻击类型、攻击特征、攻击定位、攻击场景、攻击对象等，摸清攻击规律，技术实现攻击发现。第四，聚合力量尽快制定网络数据及大数据安全防护战略，并成为数据安全的有力支撑。

（三）维护好网络的技术安全

在网络安全大框架中，网络技术安全包括了信息技术和设施层面的技术安全，信息网络技术与系统运作层面技术的安全还包括各种物理实体与物联网等的安全。当下，传统的信息安全技术仍然有其继续存在的必要，但它们在整个网络安全中的贡献不再是主要的。要达到今天网络安全的目的，信息安全“老三样”已经不能满足当下和未来发展的需求，必须毫不犹豫地开展网络安全技术的大幅度创新发展。

1. 推动信息安全产业发展

20 世纪 90 年代以来，从天融信、启明星辰、绿色科技等企业成立到需求驱动下的大规模快速发展，基本是在传统信息安全产业框架内的。如今，网络攻防成为常态，并快速演化，相关的攻防手段、攻防技术也在“道高一尺魔高一丈”地演进。近些年出现了诸如偏重于网络安全的信息安全企业，如奇虎 360 是安全互联网公司，百度是安全搜索服务提供商，均是具备某种关键核心技术支撑的企业。强调产品、服务的安全可靠，在业界已成为新常态。

2. 网络安全关键核心技术要自主可控

从关键核心技术设备到一般信息产品和服务，自主可控是保障网络安全的前提。自主可控的好处是：网络安全容易治理，产品和服务一般不存在恶意“后门”，并可不断改进或修补漏洞。反之，不能自主可控，就意味着具有“他控性”，就会受制于人。自主可控需要有量化的标准，包括知识产权自主可控、能力自主可控、发展自主可控、满足“国产”资质等。

一是知识产权的自主可控。做不到这一点，就一定会受制于人。有的关键核心技术，知识产权最好都能自己掌握，有的要实行知识产权完全买断，或至少买到有足够自主权的授权。目前，国家一些计划对所支持的项目，要求首先通过知识产权风险评估，才能给予立项。

二是技术能力的自主可控。这意味着要有足够规模、能真正掌握核心技术的科技队伍。技术能力可以分为一般技术能力、产业化能力、构建产业链能力和构建产业生态系统能力等。

三是发展的自主可控。根据我国具体情况，当前要着眼于国家安全和长远发展，制定网络安全关键核心技术设备的发展战略，确保我国网络安全关键核心技术的持续自主可控。

四是满足“国产”资质。实行国产替代对于达到自主可控是完全必要的。无论是政府采购，还是增强国家网络安全，都需要界定“国产”，并注意防止通过“贴牌”“组装”“集成”等方式把进口作为国产。

（四）维护好网络的应用安全

我国互联网应用的优势是明显的，如搜索引擎、即时通等主流应用都由本土企业主导，互联网融合创新业务增长迅猛，从电子商务到互联网金融业务等，近年都出现爆发式增长，互联网应用服务平台化特点明显，已具备较好的应用基础支撑。截至2015年6月30日，我国92家上市企业市值规模高达4.76万亿元，阿里巴巴、腾讯、百度、京东、网易、东方财富、乐视、唯品会、携程市值都超过百亿美元。其中，百度在中东、巴西、泰国上线本国语言搜索引擎服务，还在巴西建立世界级技术研发中心；腾讯微信的海外注册用户已超过2亿人，成为东南亚、拉美等地区的重要即时通信平台；阿里巴巴2014年新增9个海外发货地，旗下网站“速卖通”成为俄罗斯、巴西等国的第一大网购平台；UC浏览器自2014年起已成为全球最大的第三方移动浏览器。主要互联网应用领域本土优势十分明显，融合应用的潜在优势日趋形成，开发平台生态体系蓬勃发展。

但是伴随着互联网应用业务平台的高速发展，网络应用的安全问题也日益凸显。用户信息泄露、网上支付陷阱、虚假信息发布、电商购物欺诈、非法经营活动、网络诈骗行为、网络赌博活动、组织网络卖淫、网上贩毒、网上间谍策反、网络情报买卖、通信网络诈骗等层出不穷。例如，2015年春节前夕，各类手机抢票软件应运而生，一些不法分子借机将恶意程序伪装成常见抢票软件在网上传播。这些恶意软件程序骗取用户手机资费，窃取用户手机信息，威胁用户金融业务安全，引起公愤，必须依法查处。国家互联网信息办公室（以下简称网信办）开展专项整治，依法查处了多款恶意手机抢票软件。2015 年年初，公安部“春雷行动”打掉非法获取公民个人信息等犯罪团伙 107 个，涉及山东、上海等 27 个涉案地域，抓获各类违法犯罪嫌疑人 847 人。近年江苏警银联手，2013～2014 年成功拦截通信网络诈骗 3 亿余元。2015 年年初，四川资阳警方成功打掉一个特大网络组织卖淫团伙，抓获 8 名主要罪犯嫌疑人，涉及卖淫女 70 多人，遍布全国 19 个省份。同期，湖南省公安厅侦破一起特大跨国网络赌博案，抓获涉案人员 50 余人，冻结赌资 2 亿余元。2015 年年初，有关部门发现一款 10086 积分木马及服务器后台，累计感染用户约 800 万人，涉及用户银行卡号、银行卡类型、银行卡密码、有效期、用户姓名、身份证号、手机等重要隐私信息，感染用户很可能遭受重大损失。该木马伪装成“中国移动”客户端，诱骗用户下载，实质是十分猖獗的短信拦截木马，运行后会诱骗用户给予设备管理器权限以防止被卸载，同时转发用户所有短信至黑客手机，并在后台发送短信告知黑客用户已“中招”；黑客可通过短信控制手机将用户联系人信息、所有短信内容泄露给黑客，同时还能控制手机屏蔽、拦截银行或指定号码的短信、电话，防止用户察觉自己遭受损失。因此，互联网应用安全问题必须高度重视和依法有效治理。

维护好网络的应用安全，应该从以下几个方面着力：首先，网络应用服务平台建设必须以安全为前提。网络应用服务平台开发，必须把技术性安全措施放在首位，充分考虑平台服务的安全性，绝不能只顾及实现服务的便利，要把安全服务作为根本宗旨，离开这一条，即使平台服务功能再强大，也难以维护客户市场和企业效益。其次，制定网民享受网络应用平台服务的行为准则，依法规范个人行为。作为网络应用服务全球最大的客户市场，我国必须抓紧制定用户享受网络应用服务行为准则，以严格的行为规范为享受服务的前提条件，反之取消享受服务的资格。以此为约束，促成用户文明行为习惯的形成与固化，造就网络应用空间的优质生态环境。再次，国家监管层必须全方位、全时段监管网络应用平台信息流变的合法性。网络空间特有的隐蔽性、自由性为一些心术不正者提供了违法犯罪的条件。因此，国家监管层必须实施全方位、全时段的有效监控。对上网行为不端者，及时警告和依法严格制裁，避免其任意发展形成威胁、甚至祸国殃民。严格监管是防患于未然的前提和依据。最后，推动网络文化科学发展，从观念入手引导教育，增强网络应用用户的安全意识。当前网络文化良莠混杂，含有宣传色情、赌博、暴力、违背社会公德等的违法违规内容的手机游戏和网络动漫大有蔓延之势。虽然国家文化部从2014年12月起查处了一批违法违规互联网文化活动，查处了9家网络动漫经营单位和13家网络游戏运营单位，但多以禁止内容、责令删除、没收非法所得、罚款等行政处罚为主，威慑力不够。尤其是单纯追求利益的动机顽固，逐利思想严重，思想观念腐败，决定了其暂时收敛后的死灰复燃不是没有可能，甚至隐蔽手段更加高超，队伍更为扩大。所以，推动网络文化的去粗取精、去伪存真，以文化人，是不可或缺的必要举措。

（五）维护好网络的资本安全

网络空间的资本安全涉及银行、证券、期货、保险、生产企业、民间网上资本运作、电子商务运营等方方面面。可以说，一切通过互联网的资本流动都在网络空间资本安全保护的范畴。资本安全包括虚拟资本和实体资本运作的全程安全问题，也包括资本拥有部门或企业对资本的存储保管安全问题。EMC公司2015年年初发布的报告揭示，在过去的12个月内全球企业因数据丢失等造成的损失高达1.7万亿美元，相当于德国GDP的50%。我国网络空间资本安全问题不容忽视，2015年股票市场的断崖式连跌以及国家救市资金的大幅外流，风险触目惊心。只有确保网络空间资本安全，才能有效维护国民经济的正常运行和社会生活的有序进步。

确保资本安全的关键在于拥有过硬的自主可控技术。以我国银行业为例，2014年9月银行业监督管理委员会下发《关于应用安全可控信息技术加强银行业网络安全和信息化建设的指导意见》，其中明确指出："安全可控信息技术在银行业总体达到75%的使用率。"习近平总书记在网络安全小组成立大会上强调："建设网络强国，要有自己的技术，要有过硬的技术。"中国的银行业已经逐步迈入互联网金融和大数据时代，核心数据的暴露和集中将引发更大的安全挑战。一方面，要积极落实《国务院关于积极推进"互联网+"行动的指导意见》；另一方面，必须切实加强银行安全保障的可控力度，主要抓好银行业产品、技术、服务的自主可控问题。

一是产品的自主可控。目前，银行业信息系统的"进口化"基本是我国信息

产业发展现状的缩影，这就变相加大了国内公司在基础设施和安全防护方面的适配难度。要解决银行产品自主可控的问题，重要的前提是把银行信息系统建立在自主的基础设施和安全的产品之上，科学、合理地选择产品，优先使用国产自主知识产权产品。

二是技术的自主可控。目前我国银行业广泛使用的核心应用基础架构、操作系统、数据库、中间件等关键信息技术依然由国外掌控，一旦牵扯到国家间的冲突，银行业的安全堡垒将不堪一击。所以，一方面，要加强技术专利的自主权，对联合开发或委外开发系统强调知识产权；另一方面，要联合信息安全产业链钻研银行业自主可控的核心安全技术，如一次一密的动态口令、认证技术和硬件加密技术等。自主可控技术的使用和研发应该成为今后银行业信息化和精准保障营运的重要任务。

三是服务的自主可控。银行对外提供的服务和业务流程需要通过有效的安全监测、安全评估、安全审计等手段保障其可用可靠，进而达到及时响应、安全可控的目标。尤其要注重运行维护、外包、供应链的风险控制。

除了上述五种安全外，网络的关防安全和渠道安全也是网络空间安全的主要内容，也是网络空间安全建设必须解决的问题。只有把网络空间七个方面的安全关口把好、把严，才能从总体上确保我国网络空间安全，为建设网络强国提供强大的安全保障。

四、影响网络安全的主要变量

网络技术在不断升级中创新发展，网络空间安全的主要变量也在不断变化和扩展。就当前而言，威胁网络安全的主要变量有以下几种。

（一）APT 攻击

高级别持续威胁（Advanced Persistent Threat）网络攻击，简称 APT 攻击，是指随着信息产业的高速发展，由具备专业技术手段，甚至是有组织和国家背景的黑客，针对重要政府网站、企业网络、信息系统发起的攻击。从本质上说，只有那些受境外组织指使，针对特定目标进行的长期而蓄意的攻击才能称为 APT 攻击。美国国家标准技术研究所（NIST）对 APT 的定义是：攻击者掌握先进的专业知识和有效的资源，通过多种攻击途径（如网络、物理设施和欺骗等），在特定组织的信息技术基础设施中建立并转移立足点，以窃取机密信息，破坏或阻碍任务、程序或组织的关键系统，进行后续攻击。可见，APT 攻击的显著特征是目标明确、技术高级、持续时间长、分布域广、隐蔽性强、威胁性大、手段多样。

自 2007 年以来，APT 攻击不断被发现。例如，2009 年的 Ghost Net 攻击专门盗取各国大使馆、外交部等政府机构以及银行的机密信息，两年内就已渗透到至少 103 个国家的 1295 台政府和要员的电脑中；2010 年 6 月，Stuxnet 首次被发现，是已知的第一个以关键工业基础设施为目标的蠕虫，其感染破坏了伊朗核设施，并最终迫使伊朗布什尔核电站推迟启动；2011 年 9 月发现的 Duqu 病毒用于从工业控制系统制造商处收集情报信息，目前已检测到法国、荷兰、瑞士、印度等 8 个国家的 6 家组织受到该病毒感染；2012 年 5 月发现的 Flamer 攻击相对于 Stuxnet 攻击复杂数十倍，被称为有史以来最复杂的恶意软件，据猜测其已潜伏数年，已报道遭受 Flamer 攻击的国家和地区包括伊朗（189 个目标）、巴勒斯坦地区（98 个目标）、苏丹（32 个目标）、黎巴嫩（18 个目标）等，损失惨重。

APT 攻击不仅是软件技术，目前已有向硬件转移的趋势，攻击对象也有向移动用户拓展的势头，对此必须密切关注。作为针对政府和企业资产类的攻击，它是对信息技术和管理人员存在极大挑战的信息安全威胁。这种威胁一般由受经济或国家利益驱动的黑客发起，利用高技术手段和未公布的漏洞，突破目标网络的防御能力，从而实现自己的目的，是威胁性最大的一类网络攻击。

网络攻击的发展态势主要体现在三个方面：一是新型媒体成为网络攻击的新途径；二是大数据平台和关键基础设置成为网络攻击的新焦点；三是以主动式监听技术为代表的复杂攻击成为网络攻击的新方式。

（二）僵尸网络

僵尸网络是指攻击者通过购买或者传播恶意软件的方式获取智能终端的控制权，并使用命令与控制信道对其进行远程控制的网络。僵尸网络激活攻击时，可快速堵塞信道、瘫痪攻击网站等。根据国家计算机网络应急技术处理协调中心统计，仅 2015 年 2 月，我国境内就有近 192 万个 IP 地址对应的主机被僵尸程序控制，其中数量最多的地区是广东省，有 357 881 个，占 18.7%；江苏省 170 442

个，占8.9%；浙江省132 260个，占6.9%。在发现的因感染木马或僵尸程序而形成的僵尸网络中，规模大于5000个的僵尸网络有70个，规模在10万个以上的有5个。当月被篡改网站的数量达9708个，其中数量最多的地区分别是北京市（1937个）、江苏省（1434个）、广东省（953个）。根据网站“后门”检测数据，2015年2月，境内被植入“后门”网站的数量达2607个，仿冒网页6776个，信息系统安全漏洞576个，其中高危漏洞197个，可被利用实施远程攻击的漏洞521个等。

智能手机的开发、运用和普及给僵尸网络的发展创造了新的条件，用户终端已经从传统的以个人电脑为主的固定主机迁移到智能终端，命令与控制信息岛也延伸到云端、短信、彩信、社交网站、蓝牙、WiFi等。移动僵尸网络比传统僵尸网络更具威胁性：一是不再需要大量的基础设施进行传播，可以通过近距离的接触进行恶意软件的传播；二是无线网络及智能终端的移动性和信息的高频率转发加快了恶意软件的传播；三是移动僵尸网络不存在固定的IP地址，且附着手机量巨大，已经成为僵尸网络研究中重要的方向。目前国内对移动介质网络的研究还处于起步阶段，相关研究资料比较匮乏，进展缓慢。鉴于移动僵尸网对移动互联网和人民群众造成的日益严重的威胁，有必要深入研究、把握规律，制定行之有效的应对措施，特别是要制定防御性的方针政策。

（三）网络战争

网络战争是构建网络强国的新挑战、新威胁。美国从2009年宣布组建网络空间司令部，到2011年制定《网络空间行动战略》把网络空间列为第五作战空间，再到大规模整合和发展国家网络力量，直至2014年3月扩编133支全球作战的网络部队，其主导设计的网络空间战争逐步揭开了神秘的面纱，“震网攻击”“颜色革命”的陆续登场已经勾画出新威胁的面孔，标志着网络空间主体威胁完成了从“坏小子作恶”到“大玩家作战”的升级变种。这引起了世界各国的普遍担忧。对于我国来说，不仅在于美国视我国为网络空间的最大对手，也在于美国网络战斗力的“一枝独大”，还在于美国对互联网管理的独自控制。我们必须清醒地认识到，网络战争袭击源自新空间、运用新机制、依托新力量、发挥新作用，是一个充满未知的“新物种”，对人类的生存发展提出了全新的挑战，必须加快网络攻防力量的建设步伐。

（四）网络病毒

病毒是网络安全的一大隐患，品种繁多，经常变种，严重威胁互联网空间安全，破坏系统正常运行，是互联网上的一类痼疾。病毒是一些技术人员编制的破坏性程序，其特征是传播广、隐蔽性强、感染速度快、破坏性大。以 2015 年 4 月为例，根据国家计算机病毒应急处理中心病毒疫情分析，当月我国共发现病毒 619 867 个，新增病毒 111 543 个，比 3 月上升 1.3%，感染计算机 41 586 491 台，主要传播途径以“网络钓鱼”和“网页挂马”为主，其发展动态表现在恶意木马程序变种和“后门”程序变种。

（五）网络犯罪

网络犯罪指利用网络进行违法犯罪活动，如电话“黑卡”“伪基站”“网上贩毒”“网上赌博”“网上组织卖淫嫖娼”“网上欺诈”、网上报复（报复个人、社会、国家）、网络窃泄密、网络恐怖主义等，都是典型的网络犯罪活动。网络犯罪之所以频繁猖獗，是因为它能带来巨大的经济利益和实现个人目的，相对于回报来说，网络犯罪所投入的时间和金钱是非常少的。对网络犯罪活动，世界各国政府必须加强通力合作，联手监控和有效打击。

此外，网络意识形态斗争形势严峻，网络设备和关键核心技术不自主可控，网络法规建设迟滞等，也是影响网络安全健康发展的重要变量。

五、我国维护网络安全的战略设计

制定网络安全的国家战略，是一项急迫又艰巨的历史任务。“唯其艰难，才更显勇毅。”从网络大国走向网络强国的道路上注定充满风险，网络安全国家战略的制定实施也不会一帆风顺，既有多元利益的综合，也有科技创新的艰难，还有国际博弈的制衡。但只要我们坚持“战略清醒，技术先进”，就能推进国家网络安全建设更上一层楼。我国维护网络空间安全的国家战略的主旨是构建和平、安全、开放、合作的网络空间，建立多边、民主、透明的全球互联网治理体系。

（一）推进全球互联网治理体系变革必须遵循“四项原则”

互联网是人类的新空间、新家园，需要新规则、新秩序，而当前全球互联网治理体系极不公平、不合理，互联网发展不平衡，大多数国家的技术和安全受制于人。互联网的全球治理对世界各国来说都是新课题。我国作为网络大国，对国际互联网全球治理的责任与担当显而易见。我国主张全球互联网治理必须遵循“四项原则”，即尊重网络主权、维护和平安全、促进开放合作、构建良好秩序。

第一，尊重网络主权。就是在遵守《联合国宪章》确立的国家主权平等原则前提下，尊重各国自主选择网络发展道路、网络管理模式、互联网公共政策和平等参与国际互联网空间治理的权利，不搞网络霸权，不干涉他国内政，不从事、纵容或支持危害他国国家安全的网络活动。

第二，维护和平安全。世界需要一个安全稳定繁荣的网络空间。网络空间不应成为各国角力的战场，更不能成为违法犯罪的“温床”。各国应该共同努力，防范和反对利用网络空间进行恐怖、淫秽、贩毒、洗钱、赌博等犯罪活动。不论是商业窃密，还是对政府网络发起黑客攻击，都应根据相关法律和国际公约予以坚决打击。维护网络安全不应有双重标准，不能一个国家安全而其他国家不安全，一部分国家安全而另一部分国家不安全，更不能以牺牲别国安全谋求自身所谓的绝对安全。

第三，促进开放合作。是指完善全球互联网治理体系，维护网络空间秩序，必须坚持同舟共济、互信互利的理念，摒弃零和博弈、赢者通吃的旧观念。各国应该推进互联网领域的开放合作，丰富开放内涵，提高开放水平，搭建更多的沟通合作平台，创造更多的利益契合点、合作增长点、共赢新亮点，推动彼此在网络空间优势互补、共同发展，让更多国家和人民搭乘信息时代的快车、共享互联网发展成果。

第四，构建良好秩序。网络空间与现实空间一样，既要提倡自由，又要保持秩序。自由是秩序的目的，秩序是自由的保障。我们既要尊重网民交流思想、表达意愿的权利，又要依法构建良好的秩序，切实保障广大网民的合法权益。网络空间不是法外之地。网络空间是虚拟的，但运用网络空间的主体是现实的，应遵守法律，明确各方的权利义务。要坚持依法治网、依法办网、依法上网，让互联网在法治轨道上健康运行。同时，要加强网络伦理、网络文化建设，发挥道德的教化引导作用，用人类文明的优秀成果滋养网络空间、修复网络生态。

（二）为构建网络空间命运共同体提出“五点主张”

网络空间是人类共同的活动空间，网络空间的前途、命运由世界各国共同掌握。各国应该加强沟通、扩大共识、深化合作，共同构建网络空间命运共同体。我国主张：

一是加快全球网络基础设施建设，促进互联互通。网络的本质在于互联，信息的价值在于互通。只有加强信息基础设施建设，铺就信息畅通之路，不断缩小不同国家、地区、人群间的信息鸿沟，才能让信息资源充分地涌流。我国正在实施“宽带中国”战略，预计到2020年，我国宽带网络将基本覆盖所有行政村，打通网络基础设施“最后一公里”，让更多人用上互联网。中国愿同各方一道，加大资金投入，加强技术支持，共同推动全球网络基础设施建设，让更多发展中国家和人民共享网络带来的发展机遇。

二是打造网上文化交流共享平台，促进交流互鉴。文化因交流而多彩，文明因互鉴而丰富。互联网是传播人类优秀文化、弘扬正能量的重要载体。中国愿通过互联网架设国际交流的桥梁，推动世界优秀文化交流互鉴，推动各国人民情感交流、心灵沟通。我们愿同各国一道，发挥互联网的传播平台优势，让各国人民了解中华民族优秀文化，让中国人民了解各国优秀文化，共同推动网络文化繁荣发展，丰富人们的精神世界，促进人类文明的进步。

三是推动网络经济创新发展，促进共同繁荣。解决当前世界经济复苏艰难曲折的困境，关键在于以创新驱动发展，开拓发展的新境界。我国正在实施“互联网+”行动计划，推进“数字中国”建设，发展分享经济，支持基于互联网的各类创新，提高发展质量和效益。中国互联网蓬勃发展，为各国企业和创业者提供了广阔的市场空间。中国对外开放的大门永远不会关上，利用外资的政策不会变，对外商投资企业合法权益的保障不会变，为各国企业在华投资兴业提供更好服务的方向不会变。只要遵守中国法律，我们热情欢迎各国企业和创业者在华投资兴业。我们愿意同各国加强合作，通过发展跨境电子商务、建设信息经济示范区等，促进世界范围内投资和贸易的发展，推动全球数字经济发展。

四是保障网络安全，促进有序发展。安全和发展是一体之两翼、驱动之双轮。安全是发展的保障，发展是安全的目的。网络空间安全威胁是全球性挑战，

没有哪个国家能够置身事外、独善其身，维护网络安全是国际社会的共同责任。各国应该携手努力，共同遏制信息技术滥用，反对网络监听与攻击，反对网络空间军备竞赛。中国愿同各国一道，加强对话交流，有效管控分歧，推动制定各方普遍接受的网络空间国际规则，制定网络空间国际反恐公约，健全打击网络犯罪司法协助机制，共同维护网络空间的和平安全。

五是构建互联网治理体系，促进公平正义。国际网络空间治理应该坚持多边参与、多方参与，商量协办，发挥政府、国际组织、互联网企业、技术社群、民间机构、公民个人等各个主体的作用，不搞单边主义，不搞一方主导或由几方凑在一起说了算。各国应该加强沟通交流，完善网络空间对话协商机制，研究制定全球互联网治理规则，使全球互联网治理体系更加公正合理，更加平衡地反映大多数国家的意愿和利益，以此共同推动互联网健康发展。

（三）建设我国网络安全审查制度

网络安全审查制度是走向网络强国的重大举措。它是网络化时代确保国家安全的威慑手段，是依法治国的重要方式，是网络空间治理的顶层设计，是国家治理体系和治理能力现代化的基本要求，是参与全球网络治理体系建设的现实需要。网络安全审查制度要真正成为维护高技术主权、安全和发展利益的屏障，其规定从事前审查、事中检测、事后惩处的全过程进行管理，要凸显其战略效应，必须从“能力、控制、诚信”三个维度着力。首先，要形成国家网络安全审查的能力导向。当前，进入我国核心信息枢纽之所以如入无人之境，很重要的一个原因在于，初期是从引进发展起来的，正在经历从落后走向先进的必然历程。因此，国家网络安全审查制度，必须坚持安全能力导向的理念。国内落后的还需要继续引进，但必须查清威胁，做好控制。国内具备能力的要解决替代，做到自主可控。科技创新要始终把网络安全能力提升放在首位。其次，要布局国家网络安全审查制度实施后的可控安全态势。我国出台国家网络安全审查制度的目的是有效控制网络安全风险，但安全审查只是安全防范的举措之一。要跟上提高国家网络安全能力的时代步伐，还需要进行大的战略布局。安全审查制度不仅要考虑具体安全漏洞、安全产品检测，而且要延伸到整个安全产业链，形成全生命周期的可控态势，并促使最终形成在全球产业链中对等制衡、安全合作的态势。最后，要搭建国家网络安全审查的可信平台。要构建一个“国家网络靶场”，将安全产品放置在网络攻防的实战环境中，既要考虑单个产品可能存在的安全隐患，又要考虑整个产品链融合出现的安全危机。这是国家网络空间治理体系和治理能力现代化的重要组成部分，有利于全面体现国家网络空间的综合实力。

（四）引导网络文化向安全方向发展

网络文化不仅是一个多面体，而且是一把“双刃剑”。其独特的个体需求、群体互动以及挑战主流的形成机制，其互动性、权威性、非线性、突变性的传播机制，相对于传统文化而具有的传播力、影响力、渗透力，都给国家文化安全带来深刻的影响。因此，树立网络文化的科学发展观，凝聚网络文化的正能量，将成为确保中华民族伟大复兴的重要举措。

网络文化的形成有内部的动力系统，也有外部的推动力量。从总体来看，是基于几种动力要素组合运动的结果。第一，个体需求是网络文化的原动力。个体的认知需求、情感需求、社交需求、娱乐休闲需求、形象塑造需求等是网络文化形成的原动力。网民个体需求的多样性使得网络文化表现出正反交叉、纷繁复杂的姿态。第二，群体互动是网络文化形成的助推力。群体互动放大了个体行为的社会影响，人以群分的兴趣社区孕育了各种文化土壤，信息发布的便利性加速了网络文化的传播速度。第三，挑战主流文化是网络文化形成的现实路径。网络文化很大程度上顺应了当前人们求新、求异、求变、求个性的精神追求，呈现出与主流文化分道扬镳的挑战性。第四，技术、经济、政治是网络文化形成的外部动力。网络信息技术塑造了网络文化精神自由、开发、共享的特性，网络文化产品的产生和传播很大程度上依赖商业行为的推动，相关政策与法律规范、机构的管理方式和手段都影响着网络文化的产生、发展与传播。网络文化的传播具有互动性、权威性、非线性、突变性等规律。

上述动力和规律使网络文化的产生、传播给国家文化安全带来深刻的影响。从目前来看，我国网络文化安全问题十分突出，保障安全任务艰巨。一是要继承创新，构建我国网络文化发展的主线；二是兼收并蓄，吸纳世界各国网络文化的优秀成果；三是完善自律机制，优化我国网络文化发展的生态；四是积极引导，推动网络文化科学创新；五是严格管控网络中反动腐朽价值的传播，堵塞污染渠道；六是有效反击敌对势力别有用心的文化攻心战，确保网民时刻清醒。

（五）加强国家网络空间能力建设

国家网络空间能力是指一国政府、企业、社会等层面在网络空间所具有的创新、保障和治理等诸多能力的综合。它既是在网络环境下国家谋发展的基础和目标，也是其在国际社会获取竞争优势的关键所在。国家网络空间能力大体涉及以下几个部分：

1）创新能力——“互联网+”战略下的拓展能力，即国家对网络空间核心资源（知识、信息、数据）的利用能力和利用新技术、新平台实现社会各环节的创新发展能力。

2）保障能力——网络空间的运行能力。主要体现在国家对信息关键技术和产业的控制能力，以及维持关键基础设施和社会网络正常运行的系统保护能力（包括网络安全监管能力），其中包括对重大突发网络安全事件的应急处理能力。

3）掌控能力——“网络战”背景下的攻防能力，即网络强国所必须具备的基于先进技术的运作自如的攻击和防护能力，也包括对价值观、规则标准设置技术潮流的引领能力。

4）适应能力——网络生活中的生存能力。涉及国家网络安全、网络经济安全、网络生活安全、个人隐私权保护及文明和谐的网络空间秩序等。从国家、企业、组织层面看，主要体现为对信息和数据采集储存、挖掘处理、整合分析和保护利用的能力，以及由此延伸的洞察力、判断力、融合力、创新力和纠错力等；从社会层面看，体现为个人信息安全风险的防范和全民安全防线的构筑能力。

5）协同能力——监管层面的合作能力。合作能力主要是基于广泛开展国际合作，从中为网络治理、技术与标准、打击违法犯罪贡献智慧和方法，以及对构建和平、安全、开放、合作的网络空间目标的引领能力和话语权。

总之，国家网络空间能力与国家安全息息相关。历史告诉我们，主权必定与能力相对应，网络时代的国家权力除了受国家网络空间能力制约外，还受关系因素、环境因素等的影响。因此，国家网络空间能力的有效或强势发挥，还必须具备聚合能力，做到“五要”，即要从基础的社会制度入手，提升全民安全意识；要从最关键的技术层面突破，完善产业发展政策；要从最紧迫的发展层面保障，拓展人才培育和发现机制；要从最前沿的设计保护理念介入，有效预见并积极防范风险；要从最容易被忽略的环节抓起，充分发挥行业组织作用，等等。

第二章　网络安全的地位和作用

在信息网络无处不在的新形势下，网络安全成为一个关乎国家安全、国家主权和每一个互联网用户权益的重大问题。正如习近平总书记所指出的，互联网发展对国家主权、安全、发展利益提出了新的挑战，没有网络安全就没有国家安全。在信息时代和网络社会中，网络安全具有头等重要的地位，它是一切安全的重中之重和先中之先，是国家总体安全的前提条件，是网络强国战略的重要基础，是中华民族伟大复兴的重要保障，是人类安全与世界和平的时代因子，是信息社会健康成长的阳光，是国家生存须臾不可缺少的空气，是各国努力争夺的制高点。

一、保障国家总体安全的前提条件

国家总体安全是指既重视外部安全，又重视内部安全；既重视国土安全，又重视国民安全；既重视传统安全，又重视非传统安全；既重视发展问题，又重视安全问题；既重视自身安全，又重视共同安全，构建集政治安全、国土安全、军事安全、经济安全、文化安全、社会安全、科技安全、信息安全、生态安全、资源安全、核安全等于一体的国家安全体系。在信息网络时代，网络安全越来越成为国家总体安全的前提条件。

（一）网络安全是维护国家主权和长治久安的政治要求

网络安全事关国家主权和政治安全。在信息网络时代，网络安全与政治之间的关系日益密切和复杂，尤其是意识形态领域的网络安全问题突出，它直接影响到国家主权和社会稳定。

1. 网络已经成为意识形态领域斗争的主战场

有人说，20 世纪 60 年代之前，谁掌控了纸质媒体，谁就拥有更多话语权；20 世纪 90 年代之前，谁掌控了电视媒体，谁就拥有更多话语权；而在当今的信息网络时代，谁掌控了互联网，谁就拥有最大的话语权。今天的互联网已经成为意识形态领域斗争的主战场，也是我们面临的“最大变量”，搞不好会成为我们的“心头大患”。各种反主流意识形态思潮混杂在政治性谣言甚至“心灵鸡汤”之中，在互联网上竞相发声，而且极具蛊惑性。目前，我国网民数量超过 7 亿人，手机网民数近 6 亿人，人们的工作、生活与网络有着千丝万缕的联系。政治工作做的是人的工作，人在哪儿阵地就在哪儿。现在人在网上，在手机、微博、微信里，因此信息网络就应成为我们必争、必守、必占的阵地。互联网已经成为舆论斗争的主战场，我们在这个战场上进不去、立不住、站不稳、打不赢，将直接威胁我国的政权安全。

今天，西方发达国家利用覆盖全球的信息网络获得了干涉别国内政、进行颠覆活动的新手段。网络作为政治斗争的新领域，必须高度关注。西方反华势力一直妄图利用互联网“扳倒中国”，利用信息霸权进行意识形态扩张，这已经成为当今美国意识形态外交的重要手段。他们信奉“有了互联网，对付中国就有了办法”，扬言“每一块 CPU，就是一架战略轰炸机”，鼓吹“社会主义国家投入西方怀抱，将从互联网开始”。美国通过“网络政务”和“网络外交”，不断向我国输出其政治模式和价值观念，妄图实施颠覆活动。美国著名国际战略专家约瑟夫·奈（Joseph Nye）就曾提醒美国政府：“信息优势将和美国外交、美国的软实力——美国民主和自由市场的吸引力一样，成为美国重要的力量放大器。信息机构……应作为比以前更强大、更高效、更灵活的工具来发挥作用。”① 为了推行其政治制度、价值观念、民主思想、意识形态等，美国等西方发达国家会利用信息网络，在选定的国家组织煽动性、颠覆性宣传。这种颠覆性宣传危害甚大，轻则造成人民对政府的不满，重则导致国家政局的混乱和政权的丧失。我

① J. 奈，等．美国的信息优势［J］．国外社会科学，1997（1）：79.

们看到，美国借助互联网，并凭借它们在经济、政治、军事、科技等方面的优势，源源不断地向中东、西亚、北非等地区进行意识形态渗透，连续制造“颜色革命”，最终触发和催化了2011年中东北非地区的政局动荡，已经造成了地区和国际局势的不稳定。这些事件表明，失去信息安全保障会极大地危及国家政权安全。

中国作为世界上现存最大的社会主义国家，以美国为首的一些西方国家从来都没有停止对我国的“颠覆性宣传”，在信息网络覆盖全球的时代，更是变本加厉地利用网络进行政治引导和价值观输出。它们在互联网上举办各种政治性论坛，发表大量对我国执政党和政府不满的言论，转帖反党、反社会主义的谣言；肆意诋毁和歪曲我国的社会主义制度，恶意炒作我国政治建设中存在的一些问题，煽动不明真相的人闹事；散布政治偏见，宣扬民族仇恨，鼓动地区分裂，等等。西方国家不仅利用网络平台诋毁我国形象，传播其价值观，而且强调“网上民主和人权”，意图为其意识形态的输出打开缺口；更为严重的是，多方出击，形成网络政治输出合力。如由美国政府策划主导，学术界、商界、非政府组织多方协同参与，共同组织实施网络外交。这些别有用心甚至是颠覆性的宣传，严重威胁着我国国家政权的稳定和政治安全，我们必须高度警惕。

2. 网络已经成为国内外恐怖主义和宗教极端势力勾连的主渠道

信息网络在让人类享受文明进步果实的同时，也为恐怖组织的恐怖活动提供了新手段和新方法，目前已成为国内外恐怖主义和宗教极端势力勾连的主渠道。网络空间匿名、庞杂的特性使恐怖分子更易藏匿其中，边界和距离的“终结”理论上能让恐怖分子在任何地方实施行动。每个芯片都可能是潜在的武器，每台电脑都可能成为有效的作战单元。恐怖组织编织起一张复杂的网，每个恐怖分子都是一个节点，即使组织大部分被破坏，他们也能独立完成行动。一次网上攻击的发生通常没有十分明显的征兆，而且很难判断攻击的真正发源地。现实与虚拟世界的结合处成为恐怖分子最好的突破口和进攻点。

一方面，国际恐怖组织利用互联网传播恐怖思想、征募成员、筹措资金，以建立跨国恐怖网络，协调行动。如2013年9月发生在肯尼亚首都内罗毕西门购物中心的恐怖袭击事件，就是由来自索马里、英国等多国恐怖分子利用社交网站组织、策划并实施的。美国参议院国土安全和政府事务委员会2008年报告称，

“基地组织”已逐步建立起一个遍及全球的多层面网络宣传网，从制作到传播都有严格的程序。这些机构制作的宣传品种类繁多，包括记录恐怖袭击全过程的录像，并附带图示、声效、标语、字幕和动画等，还有各种网络杂志、实时新闻、文章、白皮书甚至诗歌等。据以色列海法大学传播学教授加布里埃尔·威曼统计，1998 年与恐怖分子相关的网站有 12 个，如今已增至近 1 万个。2011 年俄罗斯境内极端主义网站达 7500 家；东南亚地区以印度尼西亚、马来西亚语为主宣扬极端思想的网站和论坛增长快速，“印尼解放党”“天堂圣战”等网站声势浩大，为恐怖活动推波助澜。

另一方面，互联网论坛和社交媒体为极端分子提供了更多的机会和信息，他们可以在网上学习实施恐怖袭击的手段，三五个人便能发动一场造成大量伤亡的恐怖袭击。互联网成了恐怖分子交流和传授“技艺”的绝佳场所，也成为新生恐怖分子首选的“课堂”。一个名为“利剑”的“基地”网站每月虽然只开放两次，内容却令人毛骨悚然——恐怖分子公然讨论绑架和杀害人质的技巧。一些社交媒体成了恐怖分子的“战略工具”，使恐怖分子可以直接“敲开”目标受众的大门，而无需等待访客上门。各大“圣战”论坛号召开展“脸谱入侵”行动，“推特恐怖”“优图恐怖”等屡见不鲜。2013 年 4 月，波士顿马拉松赛恐怖袭击案，就是察尔纳耶夫兄弟通过脸谱网站接受极端思想，在自家厨房制作简易爆炸装置而实施的。《纽约时报》将该案称为“社交媒体时代首例全方位互动式全国悲剧”。

从基地组织创立到“9·11”袭击，再到“伊斯兰国”的突起，世界在几十年间始终没能更加安全。近年来，“伊斯兰国”在中东和全球不断制造恐怖袭击，在自己的控制区内毁坏历史遗迹、残杀平民，并残忍地将许多人质斩首。它还利用来自西方国家的年轻成员，制作并向全球互联网传播自己的威胁信息和宣传品。“伊斯兰国”的名字几乎每周都出现在全球新闻头条。“伊斯兰国”和“基地组织”两大国际恐怖组织及其分支机构制造了诸如澳洲人质劫持事件、法国查理周刊事件、肯尼亚大学袭击案等恐怖袭击事件。在中国及周边地区，反恐形势也不容乐观。“伊斯兰国”已经在我国周边的南亚、东南亚和西亚国家招募成员到中东参战，在巴基斯坦和阿富汗等国家已经有恐怖组织向“伊斯兰国”效忠，我国也有极少数的极端分子前往“伊斯兰国”参战。这对我国造成了一定程度的威胁，如参战的极端分子有可能经培训后回流我国制造恐怖袭击，极端组织也有可能通过周边国家向我国渗透。“东伊运”等“东突”恐怖势力大搞网络恐怖主义，煽动对中国政府发动所谓的“圣战”，危害中国安全与稳定，助长了国际恐怖极端思潮的泛滥，给国际社会安全与稳定带来严重隐患。在我国国内，中亚地区恐怖主义、分裂主义、极端主义活动猖獗，“东突”民族分裂势力暴力化倾向进一步加剧，邪教组织等敌对势力与国内代理人内外勾连，极力通过网络混淆视听，不断进行渗透、破坏、颠覆活动。众多门户网站、虚拟社区论坛、微博、微信成为极端思想传播的新活动场所。若不加强监管，就会危及国家的安全稳定。

3. 网络已经成为腐朽没落思想传播和干扰正常社会秩序的重要平台

网络信息具有匿名性，使其难以溯源，利欲熏心的不法分子正是利用这一特点，把网络作为牟利的重要平台。网络上传播的淫秽色情信息不仅以电脑为主要载体，而且通过计算机网络传播、蔓延，严重影响青少年的身心健康。如果对网络黄毒预防、打击、治理不力，将直接影响我国的社会主义精神文明建设。据调查，大多数传播、购买黄色淫秽软件的是懂计算机操作的年轻人，尤其是涉世未深的学生。他们判断能力和自我约束能力较差，好奇心强，有时明知有害也不由自主地去尝一尝、试一试，慢慢地就难以自拔，走上犯罪道路。

近年来，网络谣言日益猖獗，屡禁不止。大到国家利益、社会秩序，小到家庭关系、个人名誉，谣言的内容无所不包；上到名人官员，下到平头百姓，谣言的对象无所不及。2008 年的“蛆橘事件”让全国柑橘滞销，2010 年的地震谣言令山西数百万人街头“避难”，2011 年出现全国“抢盐风波”使食盐供不应求，目前针对重大突发事件和国家重要活动依然有人造谣、传谣。可以说，网络谣言已成为新时期的社会公害，成为危害社会安全和谐的毒瘤，对社会稳定的影响十分恶劣。目前，我国已经进入自媒体时代，人人都有“麦克风”，一些虚假信息经过不断转发和评论，其恶劣影响会被无限放大，后果不堪设想。

2016 年 1 月 6 日，360 好搜公布“2015 年度安全热搜榜”，通过对 3.8 亿名网民的搜索行为分析得出，超过 60％的参与者对网络安全持“担忧”或者“不确定”态度，对网络安全保障有信心的仅占 20％左右。而 360 发布的信息表明，由于网站漏洞，中国一年或导致 55.3 亿条个人信息面临泄露，平均每人被泄露 8 条。信息泄露会引发网民对信息安全的焦虑，也必将影响到正常的网络传播和网络秩序。

（二）网络安全是维护国家发展和实现百年目标的经济要求

由于信息技术已经全面渗透于社会产业的各个领域，特别是以信息网络为手段的经济活动已经深入经济生活的各个方面，经济的发展越来越依赖于信息网络，而信息网络的安全则越来越直接地决定着经济发展的规模、速度和命脉。

1. 网络安全是国家经济正常发展的前提

在今天，经济增长与经济安全的需求已经成为世界最大的需求。信息技术的飞速发展，特别是建立在信息网络基础上的信息产业和信息经济的崛起，为人类提供了快速发展经济的有效手段，满足了时代发展的这一要求。与此同时，随着经济市场全球化发展和信息网络空间的扩张，信息安全领域内各种安全威胁不断增加，经济的发展越来越依赖信息网络，经济的健康稳定发展也越来越依赖于信息网络的安全。网络加速了世界经济的一体化，使经济增长驶入了前所未有的“信息高速公路”，但同时却使经济的增长表现出极大的依赖性、危险性甚至脆弱性。因此，由信息的不安全性所导致的经济发展的潜在危机就成了信息网络时代经济发展的最大威胁。

2. 互联网经济已经成为拉动中国内需的重要力量

信息网络技术的蓬勃发展不仅为经济持续稳定增长提供了强大的物质技术基础和手段，而且造就了经济发展的新增长点——互联网经济。互联网经济在我国GDP中的占比持续攀升，2014年达7%。《中国互联网20年发展报告》显示，中国互联网企业市值规模迅速扩大，互联网相关上市企业328家，市值规模达7.85亿元，相当于中国股市总市值的25.6%。目前，阿里巴巴、腾讯、百度、京东4家上市公司进入全球互联网公司10强；华为、蚂蚁金服、小米等非上市公司也进入全球前20强。中国跃居世界第一大网络零售市场，2015年前10个月网络零售总额已达2.95万亿元。在移动互联网发展推动下，线上线下互动融合，成为大众创业、万众创新最活跃的领域。2015年3月5日，李克强总理在政府工作报告中首次提出“互联网＋”行动计划。通俗来说，“互联网＋”就是“互联网＋各个传统行业”。经总理签批，国务院于7月4日印发《关于积极推进“互联网＋”行动的指导意见》，这是推动互联网由消费领域向生产领域拓展，加速提升产业发展水平，增强各行业创新能力，构筑经济社会发展新优势和新动能的重要举措。

互联网经济具有强大的带动性、关联性、渗透性和扩散性，保障其快速健康发展，对带动整个国民经济的持续稳定发展意义重大，但是我国互联网经济的发展状况不容乐观。目前，我国信息产业的自主开发能力还很低，许多核心部件仍为原始设备制造商所垄断，关键部件仍受制于人。美国战略和国际问题研究中心近期报告称，当前网络犯罪每年给全球带来4450亿美元的经济损失。据网信办预计，我国因网络攻击年经济损失数百亿美元，且呈不断增长的趋势。保障网络安全，才能保障信息安全，国民经济才得以安全运行，国家安全才有保障。构建我国网络安全力量体系是确保经济稳定健康发展的重要保障。

3. 网络经济犯罪严重威胁国家经济安全

在科技发展迅猛的今天，世界各国对网络的利用和依赖将会越来越多，网络也因此越来越多地受到来自世界各地的攻击，网络安全的维护变得越来越重要。在信息网络时代，经济主体的生产、交换、分配、消费等经济活动，以及金融机构和政府职能部门等主体的经济行为，都越来越多地依赖于信息网络，不仅要从网络上获取大量的经济信息，依靠网络进行预测和决策，而且许多交易行为直接在网络上进行。世界经济已经进入网络经济时代，网络经济是以信息产业为基础的经济，它以知识为核心，以网络信息为依托，采用最直接的方式拉近服务提供者与服务目标的距离。在网络经济形态下，传统经济行为的网络化趋势日益明显，网络成为企业价值链上各环节的主要媒介和实现场所。但是信息网络是一把“双刃剑”，它在为人类带来巨大经济效益的同时，也让违法犯罪分子有机可乘，谋取巨大的非法经济利益。网络经济犯罪的危害越来越大，可以导致个人隐私泄露，造成企业亏损倒闭，甚至导致国家经济瘫痪。

网络经济犯罪的形式多种多样，防不胜防。有的以冒充合法用户身份或破译密码口令的方式侵入银行金融信息网络，实施虚增存款、网上购物、非法转账；有的通过网络将非法程序如间谍软件安装到他人的计算机系统中，收集和获取商业秘密；有的利用计算机信息网络虚构事实或者隐瞒真相，以欺诈手段骗取国家或他人合法财产，目前以网络传销、非法经营电信增值业务、网上非法经营福利彩票、网上非法经营证券投资咨询业务、网上进行非法基金投资、网上非法从事网络广告代理业务等活动最为猖獗；有的以非法复制、出版、传播等形式侵犯他人知识产权，由于个人计算机可以轻易地拷贝信息，包括软件、图片和书籍等，而且信息可以以极快的速度传送到世界各地，这使得对著作权的保护更为困难；有的通过国际网上贸易进行洗钱活动，将其非法收入合法化；有的还通过互联网络进行赌博活动。公安部的统计显示，2015 年我国公安机关已侦办网络违法犯罪案件 173 万起，抓获犯罪嫌疑人 29.8 万人。如 2015 年 4 月，江苏宿迁市检察院以涉嫌集资诈骗罪关停宏飞创投平台，批捕犯罪嫌疑人。此案受害人多达 1000 余人，涉案金额达 1.2 亿元。2015 年 5 月，深圳警方破获特大非法集资案，犯罪分子假借互联网金融的名义，利用 P2P 网络借贷平台非法集资 8 亿元资金。犯罪手段的专业化、智能化，犯罪空间的虚拟化、拓展化，犯罪行为的隐蔽化，犯罪结果的扩散化等特点让网络经济犯罪的危害大大增强。网络经济犯罪已经成为危害国家经济安全的严重问题。

（三）网络安全是应对现实威胁和实现国家统一的军事要求

在互联网时代，网络战正成为实现战争胜利的一道利器。构建信息化军队、打赢信息化战争是我军信息时代的使命。网络是信息化军队的血脉，也是破击敌战争体系的通道。当前，网络领域正向实战化推进。现代战争是“全球探测、全维作战、全时控制”、海陆空天电网一体化的战争，网络空间成为陆海空天电之外的全新作战领域。网络战对信息网络具有极高的依赖性，因此军事领域的网络安全问题前所未有地突出出来。

1. 网络战可以破坏传统的武器和指挥系统

网络战可以利用各种方式，在看不见的网络系统内，凭借有力的“武器”和高超技术，侵入敌方指挥网络系统，随意浏览、窃取、删改有关数据或输入假命令、假情报，破坏对方整个作战指挥系统，使其作出错误的决策；通过无线注入、预先设伏、有线网络传播等途径实施计算机网络病毒战，瘫痪对方网络；运用各种手段施放电脑病毒直接攻击，破坏计算机中的信息资源和控制机制，摧毁敌方技术武器系统。这样的事件已经屡见不鲜。例如，在 1999 年的科索沃战争中，南联盟使用多种计算机病毒和组织“黑客”实施网络攻击，使北约军队的一些网站被垃圾信息阻塞，一些计算机网络系统曾一度瘫痪；而北约一方面强化网络防护措施，另一方面实施网络反击战，将大量病毒和欺骗性信息传送到南联盟军队的计算机网络和通信系统。2009 年，法国海军内部计算机系统的一台电脑被病毒入侵，并迅速扩散到整个网络，一度不能启动，海军全部战斗机也因无法“下载飞行指令”而停飞两天。作为世界上首个网络“超级破坏性武器”，“震网（Stuxnet)”病毒于 2010 年 6 月首次被检测出来，是第一个专门定向攻击真实世界中基础（能源）设施的蠕虫病毒，“震网”病毒的攻击导致伊朗 1000 多台核电站离心机一度瘫痪。无需借助网络连接进行传播，这种病毒就可以破坏世界各国的化工、发电和电力传输企业所使用的核心生产、控制电脑软件，并且代替其对工厂其他电脑“发号施令”，这显示了网络战摧毁物理空间的巨大威力。

2. 网络战可以毁瘫关系国计民生的战争潜力目标

信息社会，互联网已经成为无处不在、无所不控的“神经”和“枢纽”，一旦瘫痪，后果不堪设想。具有四两拨千斤功效的网络作战，攻击的就是网络的“软肋”。网络系统易攻难守。网络强国美国大力提升网络作战能力。美国的海军陆战队在发展网络防御能力的同时更重视以进攻方式夺取制网络权，它们认为“在网络空间领域，最好的防守就是进攻”，进攻可使美军海军陆战队确立优势地位，获得战争规则的控制权，同时迫使对方按照美军的意图交战。目前，主要是使用病毒武器、逻辑炸弹、特洛伊木马等攻击性武器对敌防空系统、指挥控制系统、通信网络实施攻击，以毁坏敌计算机或计算机网络上的信息。作为一项军事职能，网络攻击可通过物理攻击或软件攻击达到效果。例如，如果预计效果是要破坏互联网服务，就可考虑通过物理攻击与网络相关的设备支援制网络空间权作战。如今，名目繁多的计算机网络病毒早已呈泛滥之势，有些病毒也成为网络战的“杀手锏”。网络攻击可以毁瘫关系国计民生的战争潜在目标，正如美国前国防部部长帕内塔指出，可破坏载客火车的运作、污染供水或关闭电力供应，造成大量硬体破坏与人命伤亡，使日常运作陷入瘫痪，让民众感到震惊，制造新的恐惧感。在 2008 年的俄格冲突中，俄罗斯在军事行动前控制了格鲁吉亚的网络系统，使格鲁吉亚的交通、通信、媒体和金融互联网服务瘫痪，从而为自己顺利展开军事行动打开了通道。网络攻击破坏威力巨大。有分析人士指出，针对美国的关键基础设施发动一波网络攻击，就可能造成逾 7000 亿美元的经济损失，相当于 50 场大规模飓风同时侵袭美国。兰德公司在 2009 年就指出，“网络战是信息时代的核武器”。2013 年 3 月，美国国家情报总监公开宣称，网络攻击威胁超过恐怖袭击。

3. 网络战可以摧毁人心和斗志

信息战不仅能破坏敌方信息基础设施及其运转，攻击敌方政府、商业、银行、媒体等关键网络，导致敌方政令不通、媒体失声、金融混乱，瘫痪其军事、金融、通信和电脑网络，还可以散布虚假消息，无中生有，动摇敌方的军心、民心和政府信心及公信力，以达到挟制敌方，让其自相猜忌、自乱阵脚、自相残杀乃至丧失战争能力的目的。“不战而屈人之兵”才是完胜的最高境界。攻心制胜重在“入心”，为取得“入心”实效，就必须充分利用各种资源，确保在恰当的时机，以正确的方式，针对合适的对象，实施有效的影响。攻心制胜要讲求针对性、准确性、预见性。比如在伊拉克战争中，美军在战前一再强调自己征战的理由是“为全世界和伊拉克人民解除大规模杀伤性武器”，使自己“攻伐有道”“师出有名”，同时美国借助人道主义报道来获取伊拉克人民的支持。美国总统布什和英国首相布莱尔发表讲话称：“我向伊拉克的每一个公民保证，你们不久就会自由。”以自由和美好生活前景为诱饵，去打动、征服伊拉克人心。如今，全世界没有任何一支军队拒绝网络，也没有任何一支军队不严格管理网络。伊拉克战争期间，一些伊军指挥员临阵蒸发，是因为被人通过网络买通；中东北非，“颜色革命”兵不血刃，是因为有人通过网络让军队沉默或倒戈。

美军经历了“全向防御、保护设施”“攻防结合、网络反恐”阶段，正向“主动防御、网络威慑”阶段战略升级。2015 年 4 月 23 日，美国国防部发布了一项网络新战略——《美国国防部网络战略 2015》，首次明确讨论了美国在何种情况下可以使用网络武器来对付攻击者。该报告认为网络威胁无处不在，为了更好地应对这一严峻挑战，新战略明确了三大任务：一是保卫国防部的网络、系统和信息；二是保卫美国国土及国家利益不受重大网络袭击活动的侵犯；三是集中网络军队力量支持军事行动和应急计划，并且列出了美国自认为威胁最大的国家，如俄罗斯、中国、伊朗、朝鲜及“伊斯兰国”等。虽然美国一直有个假想敌名单，但之前的战略没有直接点名，新战略把中国作为对手提了出来。有分析指出：如果将来中国在南海、钓鱼岛有行动，美国可能对中国的关键设施实施网络打击。新战略的核心是网络攻击的层级体系。新战略指出，公司和民营机构负责抵御常规攻击，美国国土安全部负责检测更复杂的攻击，并帮助私营机构实施防御。美国国防部官员表示，美国网络系统遭到的攻击中，约有2%可能上升到引发国家级别的回应，即由五角大楼牵头，通过军方设在马里兰州国家安全局的网络司令部做出回应。新战略列出的原则是，在开展网络战之前，美国将尽其所能地寻求网络防御和执法方案，来减少美国本土或美国利益遭受的任何潜在网络风险。但新战略也提到，“有些时候，总统或国防部长也可以决定让美军开展网络行动，以扰乱对手那些与军事相关的网络或基础设施，让美军能够在开展行动的区域保护美国利益。例如，美军可能采取网络行动，从而用一种对美国有利的方式终结当下的冲突，或是破坏对手的军事系统，以防止其使用武力来危害美国的利益。”① 这为先发制人地开展网络攻击留下了空间。

当前，我军信息化进程尚未完成，国家尚未完全统一，海洋主权屡遭侵犯。美国高调重返亚太，日本高调宣称打响夺回“强大日本”的战斗，网络空间又事端不断，美国等西方国家一直利用互联网强力推行分化、围堵、遏制、打压中国战略，其重点之一就是遏制中国崛起为世界网络强国。为此，美国近年来频频宣扬中国黑客进行网络攻击，炒作所谓的“中国网络威胁论”。美国的攻击说明中美在网络空间的竞争已经成为非常重要的战略问题，同时也表明美国对中国加速向网络强国迈进的焦虑。能否有强大的网络能力，对于我们党来说，是国家治理能力现代化中很重要的能力和标志。尤其是网络这个没有硝烟的现代战场上的较量，已体现出平战一体、精准高效的新特征。因此，加强网络安全建设，构建与我国国际地位相称、与国家安全和发展利益相适应的网络安全力量体系是维护国家总体安全的必然要求。

二、实施网络强国战略的重要基础

网络强国战略是指我国的互联网发展要实现由量到质的转变，由网络大国向网络强国的转变。习近平总书记站在国家利益的高度对我国互联网的发展制定了长远的战略目标，指出了网络强国的丰富内涵：“向着网络基础设

① 佚名．美军将中俄列为最大网战威胁 担心中国先发制人［EB/OL］．(2015-04-27)［2016-10-21］．http://www.cankaoxiaoxi.com/mil/20150427/757636.shtml.

施基本普及、自主创新能力显著增强、信息经济全面发展、网络安全保障有力的目标不断前进。”[①] 其中，网络安全是我国打造网络强国的重要基础。实施网络强国战略，体现了中央全面深化改革、加强顶层设计的坚强意志和创新睿智，显示出坚决保障网络安全、维护国家利益、推动信息化发展的坚定信心和决心。

（一）互联网核心技术安全是网络强国战略的重要基础

作为信息安全技术基础的信息科学技术，特别是互联网核心技术的安全，越来越成为网络强国战略的基础所在。在信息网络时代，科学技术已经成为世界经济和社会发展的原动力，是第一生产力，科技实力成为经济实力、国防实力和民族凝聚力得以形成和发挥作用的基础和关键所在。提高科技实力是增强综合国力的关键，也直接关系着国家安全，因为说到底，先进的信息科学技术才能保障信息系统的最终安全。因此，信息科学技术特别是互联网核心技术的发展与安全是一个国家综合实力发展与安全的实质和基础。一个国家的科学技术特别是互联网核心技术的实力和能力是网络强国战略的重要技术基础。习近平同志明确指出："核心技术是国之重器"，"在别人的墙基上砌房子，再大再漂亮也可能经不起风雨，甚至会不堪一击"。特别重要的是，一个国家信息科学技术的发展水平、过程及其知识产权能否经受得住信息时代信息攻击的考验，将是这个国家科技是否安全以及信息是否安全的主要标志。

20 多年来，我国互联网发展取得了显著的成就，信息科学技术进步明显。目前，我国网络基础设施规模、宽带用户数、移动宽带覆盖率均位居全球第一；全球互联网公司市值前 10 强，中国占了 4 席，网站总数达 413.7 万余个，域名总数超过 2230 万个，".CN" 域名数量约 1225 万个，在全球国家顶级域名中排名第二。但是同世界先进水平相比，同建设网络强国战略目标的要求相比，我们在很多方面还有不小的差距，其中最大的差距在核心技术上。互联网核心技术是我们最大的"命门"，核心技术受制于人是我们最大的隐患。[②] 网络上曾曝光德国总理默克尔手机被美国监听，而手机从器件、部件到系统，从硬件、软件到各

① 周显信，程金凤．网络安全：习近平同志互联网思维的战略意蕴［J］．毛泽东思想研究，2016（3）：81.

② 习近平．在网络安全和信息化工作座谈会上的讲话［M］．北京：人民出版社，2016：10.

种中间件，从终端套片设计到高端应用服务提供，大多都是美国制造、美国设计的。美国人如果实施监听和跟踪，在技术上是可行的。即便是核心技术在我国迅速增加和逐渐成熟的当下，我们在通信网络的核心技术上仍然受制于人。以正在崛起的4G移动互联网为例，即便我国主导的TD-LTE产业化迅速成熟，但是现在数以10亿计的智能终端，包括桌面PC、笔记本电脑、平板电脑、手机、智能电视和机顶盒、车载电脑和可穿戴设备等，这些智能终端上运行的操作系统却被苹果、谷歌和微软这三家公司所垄断。这让这些国外巨头在对用户信息和大数据汇集和统计方面独占优势，直接威胁到我国建设网络强国的步伐。

因此，互联网核心技术自主可控，不受制于人就显得尤为重要。长期以来，国内近八成的芯片依赖进口，其中高端芯片进口率超过九成，芯片已经超过石油成为国内排名第一的进口大户。虽然近两年大手笔并购和投资合作为我国芯片产业带来了极大的关注度，但这能在多大程度上解决我国“缺芯”之痛？目前，有人认为，引进技术可以实现更快的发展。事实上，真正的核心技术花再多的钱也是买不来的，如果只图眼前便捷省事，只是引进消化吸收，不做自主创新的尝试，将来我们的创新能力会不断退化，完全依赖引进，完全受制于人，国家安全又如何保障呢？我国《国家安全法》第二十四条规定：“国家加强自主创新能力建设，加快发展自主可控的战略高新技术和重要领域核心关键技术。”第二十五条规定：“实现网络和信息核心技术、关键基础设施和重要领域信息系统及数据的安全可控。”① 习近平总书记将核心技术分为三类：一是基础技术、通用技术，二是非对称技术、“杀手锏”技术，三是前沿技术、颠覆性技术。基础技术、通用技术是发展的保障，非对称技术、“杀手锏”技术能起到震慑作用，前沿技术、颠覆性技术决定产业的升级换代。习总书记强调，建设网络强国，要有自己的技术，有过硬的技术。解决核心技术受制于人的问题，需要不断创新发展可信计算技术，尤其要发展“杀手锏”技术。“杀手锏”也称作“撒手锏”，是指在关键时刻使出的最拿手本领。当手中有“杀手锏”，就有领先技术，就有威慑力，各国也能保持平衡的态势。大力发展互联网核心技术是将我国建设成为“技术先进、设备领先、攻防兼备”网络强国的重要举措。

① 倪光南．信息核心技术受制于人是最大隐患［EB/OL］．(2016－06－30)［2016－10－23］. http://news.ifeng.com/a/20160630/49272059_0.shtml.

（二）网络安全是网络强国战略的实质内容和关键因素

网络强国战略包括网络基础设施建设、信息通信业新的发展和网络信息安全三方面，其中网络安全是我国打造网络强国的重要基础，是网络强国战略的实质内容和关键因素。

网络基础设施建设，形象地讲，就是要搭建一条“信息高速公路”。只有网络基础设施建设搞上去了，在设施的基础上搞通信发展、互联网发展才有可能。网络基础设施建设极大地推动了向网络强国发展的进程，有利于加强国际经济、科技、教育合作和文化交流，但同时也为一些别有用心的国家、集团或个人提供了向他国进行经济扩张、政治渗透和文化入侵的最快捷、最方便的途径。比较典型的像目前已充斥互联网的舆论宣传、情报对抗、对网络的蓄意攻击与防护等问题，这些其实都是信息网络时代比较隐蔽的“入侵”行动，都带有某种不可告人的目的和企图，因此构成了对网络安全乃至国家安全的威胁。2015 年 2 月，美国颁布新的《国家安全战略》，明确将针对美国本土或者关键基础设施的毁灭性打击列为影响本国利益的最高战略风险。在信息网络时代，各个国家的政治、军事、经济、社会、科技等活动，对信息和信息网络的依赖性越来越强，各种计算机网络正在成为国家的战略命脉。一旦其遭受进攻和破坏，信息流动被锁定或中断，就会导致整个国家的财政金融瓦解，能源供应中断，交通运输混乱，社会秩序紊乱，生态系统破坏，国防能力下降……整个国家都可能由此陷入瘫痪，人民生活将会陷入困境，从而危及国家的安全和民族的生存。

在搭建网络基础设施的基础上促进信息通信业新的发展，如大数据、云计算、物联网等。以大数据来说，大数据安全与发展如影随形，随着大数据应用的繁荣，危害国家安全、侵犯商业利益、损害个人隐私的案件也时有发生。从大数据安全角度来看，一方面，黑客攻击、病毒感染等传统的网络安全问题不断向大数据领域渗透；另一方面，大数据发展带来新的问题。一是数据滥用的问题。习近平总书记指出，一些涉及国家利益和国家安全的数据，很多掌握在互联网企业手里，一旦企业在数据保护和安全上出了问题，不仅对企业的信誉产生不利影响，也会影响国家安全。而且数据违规收集、使用、交易等现象时有发生，与第三方合作过程中数据的转移也带来了潜在的风险。二是数据的窃取问题。存储海量数据的互联网中心、云平台和重要信息系统已经成为网络攻击的重要目标，由黑客攻击、内部人员非授权访问等导致的信息泄露事件时有发生。骨干网路由器、大型数据库等都是国家级有组织攻击、渗透、控制的主要目标，务必引起高度的重视和警觉。三是大数据核心技术缺乏自主可控的问题。如果不下大力气解决大数据核心技术、分析工具等问题，很有可能陷入新一轮的被动。四是数据主权和权属问题。海量数据中蕴藏着关系国家安全、经济社会运行、舆情态势等的敏感信息，数据成为国家之间争夺的重要资源，数据主权成为网络空间主权的重要形态。从企业和个人的层面来看，涉及数据权属的问题，企业和个人信息数据的归属权成为焦点问题。数据的控制权、收益权、遗忘权等问题已经进入公众的视野，值得进一步探讨。① 从国家的层面来看，国家主权在网络空间的适用得到了日益广泛的承认。我国政府所主张的网络空间国家主权，是国家对本国的信息传播系统进行自主管理的权利，既包括一国对其境内网络基础设施的主权，也包括国家对网络信息和数据的信息主权，数据主权是包含在其中的。

最后是网络信息安全的问题。网络安全事关个人，更攸关国家，网络信息安全问题绝不仅仅是个人信息保护，需要在网络强国视野下的系统性规划和设计。随着互联网和移动互联网快速崛起，网络信息安全形势更为严峻。当前全国超过400万家网站在互联网和移动互联网上群雄逐鹿，覆盖国人生活的每一个细节，网络信息安全面临的挑战可想而知。加上大数据、云计算这些新兴网络技术和应用蓬勃兴起，网上信息流动的速度正以几何级的速度增长，这不仅对网民的安全观念提出新的要求，更重要的是对网络安全产业提出了严峻挑战。国家互联网应急中心监测发现，仅2014年上半年，中国境内625万台电脑感染了木马病毒，境外的1.9万台主机控制了我国境内619万台电脑。信息时代经常出现的网络攻击，实际上就是以计算机为主要武器，以覆盖全球的信息网络为主战场，以攻击敌方的信息和信息系统为目标，运用各种“软”与“硬”的手段，对敌方的所有信息系统及其运行基础进行干扰、破坏，造成军事行动的混乱和失败，全社会的恐慌和不安，甚至整个国家经济的失控和瘫痪，从而达到以极小的代价夺取战争胜利的目的。也就是说，这种信息战争行动攻击的主要目标是各种信息系统，通

① 赵志国．做好大数据时代的网络安全工作［EB/OL］．（2016-05-18）［2016-11-25］．http://news.163.com/16/0518/10/BNBDUKBC00014AED.html.

过干扰、破坏这些信息系统，造成敌方整个国家的社会、政治、经济和军事系统的失控，直至最终瓦解。对整个国家来说，要实现网络强国，网络安全产业化不可或缺，针对网络安全从底层开始的各个方面的创新将直接推动我国信息技术核心竞争力的不断提升，从而在未来的全球网络竞争中争取话语权。

（三）网络安全从本质上决定着网络强国战略目标的实现

2016年7月，中共中央办公厅、国务院办公厅印发了《国家信息化发展战略纲要》，提出了网络强国"三步走"的战略目标：第一步，到2020年，核心关键技术部分领域达到国际先进水平，信息产业国际竞争力大幅提升，信息化成为驱动现代化建设的先导力量；第二步，到2025年，建成国际领先的移动通信网络，根本改变核心关键技术受制于人的局面，实现技术先进、产业发达、应用领先、网络安全坚不可摧的战略目标，涌现一批具有强大国际竞争力的大型跨国网信企业；第三步，到21世纪中叶，信息化全面支撑富强民主文明和谐的社会主义现代化国家建设，网络强国地位日益巩固，在引领全球信息化发展方面有更大作为。习近平总书记在主持召开中央网络安全和信息化领导小组第一次会议时强调："网络安全和信息化是事关国家安全和国家发展、事关广大人民群众工作生活的重大战略问题，要从国际国内大势出发，总体布局，统筹各方，创新发展，努力把我国建设成为网络强国。"这表明我国建设网络强国，就要制定国家信息网络安全战略，注重自主可控技术的研发，保障网络安全，在国际上打破美国为首的西方国家对整个网络的话语霸权。

在全球信息化、网络化发展大背景下，我国建设网络强国既面临重大机遇，又面临严峻挑战，其中一个严峻挑战就是，网络与信息安全形势不容乐观。网络与信息安全既包含网络内容安全，也包括技术安全、管理安全、信息安全。如何看待网络安全问题？笔者认为习近平总书记的讲话作了精准的判断——"没有网络安全就没有国家安全"。

习近平总书记强调："网络安全和信息化对一个国家很多领域都是牵一发而动全身的，要认清我们面临的形势和任务，充分认识做好工作的重要性和紧迫性，因势而谋，应势而动，顺势而为。"正是基于这样的考虑，2014年2月27日，中央网络安全和信息化领导小组宣告成立。它与过去的国家信息化领导小组不同：中央网络安全和信息化领导小组着眼于国家安全和长远发展，统筹协调涉及经济、政治、文化、社会及军事等各个领域的网络安全和信息化重大问题，是国家级别的机构，中共中央总书记、国家主席、中央军委主席习近平亲自担任组长，李克强、刘云山担任副组长，体现了我国最高层领导者全面深化改革、加强顶层设计的意志，显示出保障网络安全、维护国家利益、推动信息化发展的决心。习近平总书记强调："网络安全和信息化是一体之两翼、驱动之双轮，必须统一谋划、统一部署、统一推进、统一实施。"中央成立网络安全和信息化领导小组，是我国网络安全和信息化国家战略迈出的重要一步，标志着这个拥有 7 亿名网民的网络大国加速向网络强国挺进。这个小组成立以后，研究制定了网络安全和信息化发展战略、宏观规划和重大政策，其中最关键的是不断增强安全保障能力，为建设网络强国服务。[①] 这个小组的建立属于最高层组织结构的调整和设置，将会深入影响未来我国的网络化、信息化发展，对保障网络安全、网络强国战略目标的实现意义重大。

与此同时，面对日渐严峻的网络威胁，世界各个国家和地区都在紧锣密鼓地推进网络安全制度建设，美国和欧盟也不例外。在全球，已经有 50 多个国家颁布了网络空间国家安全战略，仅美国就颁布了 40 多份与网络安全有关的文件。2014 年 12 月 18 日，奥巴马签署了包括《国家网络安全保护法》《联邦信息安全管理法案》《网络安全人员评估法案》在内的四个法案，以加强美国网络安全和抵御网络攻击的能力；2015 年年初，美国众议院通过《网络情报共享和保护法案》，推动网络信息在企业和政府之间的共享，意在辅助美国政府对网络威胁进行提前防控；2016 年 4 月，欧洲议会通过了最新的《数据保护法》，以保护消费者的数据和隐私；2016 年 7 月，欧盟立法机构正式通过首部网络安全法《网络与信息系统安全指令》，旨在加强基础服务运营者、数字服务提供者的网络与信息系统安全，要求这两者履行网络风险管理、网络安全事故应对与通知等义务，其目的在于在欧盟范围内实现统一的、较高水平的网络与信息系统安全。2016 年 7 月，我国的《网络安全法》二审草案已通过全国人大审议并完成公开征求意见，有望加速出台，必将为网络强国战略保驾护航。

---

① 汪玉凯．网络安全战略意义及新趋势［EB/OL］．（2014－06－06）［2016－10－25］．http://world.people.com.cn/n/2014/0606/c1002－25114051.html.

三、实现中华民族伟大复兴的重要保障

实现中华民族伟大复兴是中华民族近代以来最伟大的梦想。在网络和信息化高度发展的今天，政治、经济、社会、国防的安全与网络安全紧密相连、息息相关。要真正实现中华民族伟大复兴中国梦，就必须制定和实施科学、完善的国家信息安全战略，保障网络安全。

（一）网络安全是抓好中华民族伟大复兴战略机遇的重要保障

网络安全之所以关乎中华民族伟大复兴，是由互联网强大而独特的信息功能所决定的。梅特卡夫定律认为，网络价值随网络用户数增长而呈几何级数增加。互联网的大面积普及使得其应用功能和应用价值实现了从量变到质变的跨越，成为承载全人类信息传播、管理控制和社会运行的战略基础设施。网络安全对于我们抢抓信息革命历史机遇、实现“两个一百年”奋斗目标和中华民族伟大复兴中国梦具有重要意义。

我国经历改革开放 30 多年，使用互联网 20 多年，已成功地将网络发展转化为先进生产力和正能量，极大地促进了国家经济、政治、文化、社会等各个方面的发展。我国信息化建设成就斐然、世界瞩目。我国凭借独特的理论优势、道路优势和制度优势及信息化建设的后发优势，一跃成为当今世界第二大经济体。对于我国而言，网络空间最大限度地激发了信息化高速发展的活力，蕴含着新一轮技术革命的丰厚能量。可以说，网络空间为维护、延长我国的战略机遇期赢得了新的发展机会，又为我国开拓新的发展空间创造了历史条件。

着眼于现代化建设全局，党和国家领导人历来都高度重视信息化建设，认识也不断深化。从邓小平同志题词“开发信息资源，服务四化建设”，到江泽民同志“四个现代化，哪一化都离不开信息化”的论述，到胡锦涛同志在党的十七大报告中提出“五化并举，两化融合”战略方针，再到习近平同志最新的“没有信息化就没有现代化”的论断，高度重视信息化建设思想既一脉相承又与时俱进。从这些论述可以看出，信息化已经从现代化的重要工具、必要条件升级到现代化得以实现的充分必要条件。因此，推进信息化水平大幅提升，在国家现代化进程中发挥更突出的作用，是信息通信业肩负的义不容辞的历史责任。近年来，国际

电信联盟、联合国、世界经济论坛等国际组织和美国、欧盟、加拿大等国家和地区的相关研究机构相继发布了信息化水平评估指标体系和国家（地区）信息化水平排名，这些排名都显示我国信息化发展排名呈现出“先上升、后下滑”的变动态势，特别是2007年后，排名连续下滑，说明其他国家抢抓信息化机遇抢在了我们的前头，值得我们认真思考和应对。

我国曾经是世界上的经济强国，后来在欧洲发生工业革命、世界发生深刻变革的时期丧失了与世界共同进步的历史机遇，逐渐落到了被动挨打的境地。当前，能不能正确认识、运用、发展互联网，抢抓信息革命这一时代变革的历史机遇，既关系到实现中华民族伟大复兴中国梦，也是对党执政能力的重大考验。习近平总书记强调，这是中华民族的一个重要历史机遇，必须牢牢抓住，这是我们这一代人的历史责任，是对前人的责任，也是对后人的责任。当今世界，信息化发展很快，不进则退，慢进亦退。从世界范围看，各国都在重新谋划信息化发展蓝图，将构筑信息优势作为谋求发展主动权的重大战略选择，围绕增强信息化能力、塑造长期竞争新优势、争夺新赛场规则制定权进行战略布局。发达国家和地区全力巩固信息领域主导地位。美国推动实施了网络空间战略，布局工业互联网（Industrial Internet）；欧盟加快了单一数字市场建设步伐，德国提出了工业4.0；发展中国家和地区顺应信息革命潮流，抢抓国际产业转移和再分工机遇，以信息化促进转型发展。纵观全球，谁能把握信息革命带来的机遇，谁在信息化上占据制高点，谁就能够掌握先机、赢得优势、赢得安全、赢得未来。习近平总书记指出：“历史从不等待一切犹豫者、观望者、懈怠者、软弱者。只有与历史同步伐、与时代共命运的人，才能赢得光明的未来。”

抓好信息革命带来的机遇，必须抓好网络安全。互联网发展直接关系到国家的信息安全，影响着经济、社会乃至军事领域的安全。当下，以社交媒体为构架的政治空间、以信息话语为博弈的权力结构已经发生着范式重建的转变。网络固然能提供正面的价值，但互联网恐怖主义、数字恐怖主义力量亦在昭示着风险社会的新风险，特别是互联网无国界的基本属性，使得信息时代的网络安全成为更紧迫的课题。同时，随着互联网技术的发展，国际信息领域规则制定中的大国博弈若隐若现，如果不能保障网络安全，就可能在未来的互联网世界中处于劣势，进而损害国家安全。从社会化网络的政治属性看，规范网络行为，建设文明、有序、守法的网络空间，是保障国家安全的前提，而不断推动网络立法进步，约束

各种网络社会"失范"行为，也成为保障网络安全的重要内容。总之，保障网络安全才能抢抓信息革命机遇，乘势而上，为实现中华民族伟大复兴中国梦奠定坚实基础。

（二）网络安全是以信息化驱动现代化的必然要求

信息化是实现工业化、城镇化、农业现代化的重要手段，更是实现国家综合实力提升，并最终实现中华民族伟大复兴中国梦的必由之路。作为一项打基础、保安全、促发展、奔前途的重大工程，信息化建设理应也必须提升到国家战略的高度，应作为国家工程，举全国之力加快建设。唯有如此，才能迎头赶上，为实现中华民族伟大复兴的中国梦插上腾飞的翅膀。

习近平总书记指出，没有信息化就没有现代化。随着信息化向各领域融合速度不断加快，其影响已经渗透到政治、经济、文化、社会、生态等方方面面，信息化已经不再只是工具，而成为国家治理、经济发展和社会运行都离不开的"血液"。特别是当前，我国经济发展进入新常态，认识新常态、适应新常态、引领新常态是当前和今后一个时期我国经济发展的大逻辑。新常态要有新动力，互联网在这方面可以大有作为。只有以信息流带动技术流、资金流、人才流、物资流，更好地发挥信息化的引领和驱动作用，才能促进资源配置优化，促进全要素生产率提升，推动创新发展，转变经济发展方式，调整经济结构。以信息化驱动现代化，就是将信息化贯穿我国现代化进程，释放信息化发展的巨大潜能，让信息化造福社会、造福 13 亿中国人民。

信息化驱动现代化是中国经济实现腾飞的新引擎。以互联网为主体的网络空间蕴藏着促进经济飞跃发展的丰富财富和创新动力。国务院发展研究中心信息中心研究员李广乾认为，信息化促进经济转型升级在以下三个方面可以大有作为：一是互联网新技术不断涌现，催生了新的经济增长点。7.1 亿名网民、6 亿多名的智能手机用户，如此庞大的客户群体本身就是一个巨大的潜力市场，尤其是近年来，移动互联网、云计算、物联网、大数据等新技术的创新带动了相关产业的发展，互联网经济占 GDP 7％的占比和网络零售交易额规模均跃居全球第一。同时，它们的迅速发展使得其应用范围的广度和深度进一步增加。二是信息化使得传统产业提质增效，涉及农业、制造业、服务业。在"互联网＋"的大背景下，大多数产业面貌得到了极大的改观。三是互联网经济与传统产业深度融合。以百度公司（Baidu）、阿里巴巴集团（Alibaba）、腾讯公司（Tencent）为代表的企业长期以来在泛娱乐化方面发展极为迅速，但是近几年来明显遇到了“瓶颈”，下一步如何与制造业融合则是泛娱乐化的重点，也是以百度公司（Baidu）、阿里巴巴集团（Alibaba）、腾讯公司（Tencent）为代表的企业发展的出路所在。互联网在国民经济中的基础性、先导性、战略性地位已得到国家层面的认同。2016年7月27日，《国家信息化发展战略纲要》（以下简称《纲要》）正式颁布。《纲要》描绘了我国在工业化尚未完成的前提下全面推进信息化的路线图，将为未来10年国家的信息化发展提供规范和指导。①

全球范围内，中国已成为网络攻击最大的受害国之一，中国的计算机网络几乎每时每刻都在遭受各种攻击。遭遇网络安全威胁的不仅仅是个人，近年来，政府网站已成为最重要的被攻击目标，与此同时，拥有较大知名度的传媒、金融、支付类机构也成为被攻击目标，给国家信息安全、金融安全带来重大挑战。近几年，每月我国有一万多个网站被篡改，80%的政府网站曾受到过攻击。仅2014年3月19日至5月18日，2077个位于美国的木马或僵尸网络控制服务器直接控制了我国境内约118万台主机。网络是一个看不见硝烟的战场，并成为各方角力的主战场。如果不能保证网络和信息的安全，再强大的硬件设施都可能成为摆设。以信息化驱动现代化，实现中华民族伟大复兴中国梦，离不开一个安全可控、优质高效的网络。以安全保发展、以发展促安全，在技术上、立法上、管理上加强网络安全，已经迫在眉睫。

（三）网络安全是实现中华民族伟大复兴中国梦的护航舰

要实现中华民族伟大复兴中国梦，就要保持政治稳定、经济繁荣、社会安定、国防强大，这是实现“中国梦”的四大坚强柱石。在信息网络时代，信息网络安全在国家安全中的地位越来越高，成为影响政治安全的重要因素、保障经济安全的重要前提、维护社会安全的重要基础、搞好军事安全的重要保障。可以说，没有信息安全，国家安全将无从谈起，中华民族伟大复兴中国梦的实现也就变成空话。政治、经济、社会、国防的稳定与发展都离不开可靠的网络安全保

① 佚名．信息化驱动工业化的新机遇［EB/OL］．（2016－08－15）［2016－10－27］．http://news.163.com/16/0815/09/BUGIFLKH00014SEH.html.

障，网络安全成为实现中华民族伟大复兴中国梦的护航舰。

1. 网络安全是政治稳定的基础

国家安全离不开政治稳定。政治稳定是国家安全最重要的领域，是主权国家存续的根本因素。在信息网络时代，政治稳定面临着一系列新的挑战，网络信息安全与我国改革进程中的热点问题、不稳定因素互相交织，已经影响到执政能力甚至政治安定和政权的稳定，涉藏、涉疆问题就是明证。近些年来，美国和其他西方发达资本主义国家利用它们直接掌控的网络媒体垄断资源和先进的技术优势疯狂地发动着一次又一次的网络媒体攻击。时至今日，互联网已成为正确思想与错误思想尖锐碰撞、健康文化与腐朽文化激烈交锋、意识形态领域渗透与反渗透生死较量、世界舆论的控制权不惜代价争夺的无硝烟战场，成为大国博弈的战略制高点。网络已经成为正义与非正义、理性与非理性激烈竞争的战场，必须引起高度的重视和警惕。在这个虚拟空间里，国家的安全稳定受到各个方面的影响，要实现中华民族伟大复兴中国梦，必须加强互联网核心技术自主创新和基础设施建设，保障网络安全，建设网络防火墙，筑牢网络铜墙铁壁，梦想之船才能平安远航。

2. 网络安全是经济繁荣的基础

经济是一个国家、民族赖以生存的基础。发展才能自强，发展是解决我国所有问题的关键。经济稳定持续健康的发展是保障国家政治稳定、社会有序发展的基本条件。在经济全球化的今天，金融、能源、电力、通信、交通等领域的关键信息基础设施是经济社会运行的神经中枢，是网络安全的重中之重，也是可能遭到重点攻击的目标。经济的发展越来越依赖于信息网络，而信息网络的安全则越来越直接地决定着经济发展的规模、速度和命脉，一旦发生安全问题，不仅会严重影响人们正常的生产生活，还会严重干扰正常的社会经济秩序，造成重大的经济损失和社会影响。如果没有强大的网络基础和安全保密技术作为支撑，经济繁荣是无法保证的。

经济力量的增长不仅构成国家综合国力的基础，也是国家政治安全和军事安全的物质保障。经济是军事、政治的物质基础。现代战争不仅是高技术、高智力的较量，更是强大的经济力量之间的对抗，贫穷的国家是打不起现代化战争的。

美国海军CVN－77布什号航母造价高达62亿美元，一架美国F22猛禽战斗机造价1.5亿美元，一架中国歼－20战斗机造价1.1亿美元，而美军使用的航天武器系统，如国防卫星通信系统、全球定位系统等，其造价则更高。英国《金融时报》于2014年12月14日发表题为《美国最漫长的战争耗资近万亿美元，促使军方加紧撤离》的报道称，根据媒体和独立研究人员的估计，作为美国有史以来最漫长的海外冲突，阿富汗战争已经耗费了美国纳税人将近万亿美元。如果一个国家连经济安全都不能保证，就不可能在未来高技术战争中获胜。在今天，经济增长与经济安全的需求已成为世界最大的需求，但是经济的发展越来越依赖信息网络，经济的安全越来越依赖网络安全。

3. 网络安全是社会安定的基础

网络发展至今，已经成为人们生活中的重要组成部分。小到吃饭、穿衣、旅游、休闲，大到参政、议政、外交、国防，都离不开网络。以微博、微信等自媒体为代表的动态传播模式让人们更便捷、更迅速地接触到最新资讯，也为推动言论自由、加速信息流动、增进思想交流、促进文化繁荣、凝聚社会共识提供了全新的渠道和手段。现实社会中的生活方式在虚拟的网络社会中同样存在，虚拟的网络社会中的思维方式和表现形态在现实社会生活中同样都能体现，这使维护稳定和社会管理工作面临的形势更加复杂。信息网络系统加强了人们之间的联系，使分散在地球上任何角落里的个体紧密联系起来，模糊了时空界限，方便了人类活动，但同时也给社会安全带来了新的挑战和威胁。计算机犯罪、信息犯罪等一些全新的犯罪形式应运而生，这些犯罪不仅严重侵犯了个人经济财产安全，而且严重干扰着整个社会的稳定与安宁，其中不少犯罪甚至可能置人类于危险境地。信息网络已经成为社会发展的重要保证，维护网络安全是共建和谐、稳定社会的重要基础。

4. 网络安全是建设巩固国防和强大军队的基础

习近平总书记着眼于建设与我国国际地位相称、与国家安全和发展利益相适应的巩固国防和强大军队，始终把国防和军队建设放在实现中华民族伟大复兴这个大目标下来认识和推进。在信息网络时代，信息化战争已经成为现代战争的重要形式。信息化战争是指主要使用以信息技术为主导的武器装备系统，以信息为

主要资源、以信息化军队为主体、以信息中心战为主要作战方式，以争夺信息资源为直接目标，并以相应的军事理论为指导的战争。在未来战争中，谁拥有信息网络技术的制高权，谁就拥有战争的主动权。面对一些网络强国大幅扩充网络战部队、网络空间明显军事化的趋势，我们既需要国际层面的文化实力、国家层面的法制效力，更需要网络疆域的军事实力。网络作为陆海空天之外的“第五类疆域”，国家必然要实施网络空间的管辖权，维护网络空间主权、安全和发展利益，始终把命运掌握在自己手中。建设网络强国，成为网络空间和平发展的骨干力量，发展网络空间国防力量刻不容缓。同样，这些目标的实现也需要信息安全保障工作的有力支撑，缺乏网络安全保障的信息战就像建筑在沙滩上的大厦，必定是不能长久的。

中华民族伟大复兴必将是经济、政治、文化的全面复兴，要实现伟大复兴这个中国梦，就要全面保证政治、经济、社会、国防等各个领域的安全，就要全面推进信息安全保障体系的建设和发展。

四、维护人类安全与世界和平的时代因子

习近平总书记强调，一个安全稳定繁荣的网络空间对各国乃至世界都具有重大意义。网络安全是全球性挑战，没有哪个国家能够置身事外、独善其身，维护网络安全是国际社会的共同课题和共同责任。

（一）网络安全日益成为人类整体的安全

信息化的最大结果是人类社会出现了高度一体化的发展趋势，整个人类前所未有地结成一个利益共同体，一国的安全会同时牵动他国的安全，信息安全与网络安全已经不仅仅是某个国家、某个政府的事，它日益成为人类整体的安全，成为人类文明的安全。互联网连通着整个世界，改变着社会经济形态和传统生产方式，电子政务、电子商务、网络社交、文化娱乐、信息消费无所不有，政治、经济、军事、文化、外交“一网打尽”。不论你愿不愿意、知不知道，你都已被网络其中；不论承认不承认，互联网已经把你我紧紧捆绑，我们同在一张网。在首届世界互联网大会贺词中习近平总书记指出：“当今时代，以信息技术为核心的新一轮科技革命正在孕育兴起，互联网日益成为创新驱动发展的先导力量，深刻

改变着人们的生产生活，有力推动着社会发展。互联网真正让世界变成了地球村，让国际社会越来越成为你中有我、我中有你的命运共同体。”

“孤举者难起，众行者易趋。”这在网络世界中更为突出。网络的生命在于连接、交互。传统语境中所说的紧密合作就相当于今天的互联互通。互联网不仅为双方或多方合作共赢提供了先进手段，而且提供了无限空间，同时网络经济给世界各国的发展带来了巨大的空间。尽管你我互不认识，但无论你来自哪个国家、哪个民族，无论你在什么地方，互联网都已经将你我联系起来，好像我们始终并肩同行一样。网络、计算无处不在，软件、数据无处不用，互联网深入到每一个场所、每一个时间段和每一个人的生存生活细节。话在网上说、钱在网上花、事在网上办，已经成为人们社会生活的新常态。

信息是人类共同的财富，网络不属于某个国家、某个政府或某个国际组织，网络属于全人类。网络所固有的广泛联结、任意联结、无中心性和开放性、信息传播交互性和缺少法律约束等特点，使其在为人们带来利益、价值和方便的同时，也带来了巨大的风险和隐患，暗藏着极大的危险性甚至毁灭性。国家主席习近平在谈到互联网时作了一个生动的比喻：互联网是一把双刃剑，用得好，它是阿里巴巴的宝库，里面有取之不尽的宝物；用不好，它是潘多拉的魔盒，给人类自己带来无尽的伤害。如果没有网络安全，就不能保证信息的有效性，就无法使网络上传输、处理和辅助决策的信息有效地转化为人类的物质文明和精神文明成果，为人类造福，持续而健康地促进人类的进步与发展。因此，加强网络安全体系建设，已经成为全人类共同的责任和义务。

（二）应对网络安全挑战需要全世界的力量

网络无所不在的互联性不可避免地存在无所不在的优势和弱点，给网络不法分子提供了网络犯罪的机会，如恐怖分子、有组织犯罪或者恶意黑客等敌对势力都可以通过远程扩散造成破坏。随着网络技术日新月异，其在传统领域的安全威胁从未消失，与此同时，非传统网络安全威胁有增无减，恶意程序、远程控制等从PC端逐步向移动互联网扩散，网络信息基础设施屡受全球性高危漏洞侵扰，重要信息基础设施和重要信息系统安全面临严峻挑战。统计报告显示，全球恶意代码样本数目正以每天300万个的速度增长，云端恶意代码样本已从2005年的40万种增长至目前的60亿种。基础通信网络和金融、工业自动化控制系统等重要信息系统安全面临挑战。除此之外，网络诈骗、网络黑客、网络恐怖主义、网络谣言等日益猖獗，干扰和破坏着各国正常的生产和生活，甚至威胁着国家政权的稳定。

特别是万物互联时代越来越近，网络安全形势会越来越严峻。物联网可以把所有设备通过信息传感设备与互联网连接起来。据互联网数据中心（Internet Data Center）预测，2020 年全球接入互联网的物联网终端数量将达到 2000 亿个，大到一幢摩天大楼、一艘巨轮，小到插座、灯泡，或者是人们随身携带的手机、戒指、项链、假牙、纽扣等所有的东西都可以互相连接起来。所有的设备都会内置一个智能的芯片和智能操作系统，它们通过各种网络协议互联，时时刻刻产生数据。“万物都互联，万物存风险。”2014 年 1 月，网络安全专家首次发现利用智能电器等物联网终端设备组成的“僵尸”网络发动的网络攻击，“僵尸”物联网很难通过一般计算机使用的防病毒和防垃圾邮件软件程序阻止，这是非常严重的安全风险。信息政策研究基金会于 2012 年已经警告过监控煤气和电量的智能电表很容易被黑客当作目标。与智能手机不同，许多智能硬件产品将不再通过应用软件提供服务，而是通过硬件本身提供服务，如利用汽车软件里的某个漏洞可以远程控制车辆。美国著名黑客巴纳比·杰克曾在黑客大会上演示在 9 米之外入侵植入式心脏起搏器等无线医疗装置，然后向其发出一系列高压电击，从而令“遥控杀人”成为现实。[①] 当前网络安全边界越来越模糊，接入点越来越多，攻击途径越来越广，攻击目标也越来越多地以网络终端为主，现有的安全防护方式将逐渐失效，这将给网络管理安全体系带来挑战。

近年来，世界各国已深刻认识到共同应对网络安全威胁的重要性，网络安全国际合作已成大趋势。为应对互联网发展带来的挑战，已有 50 多个国家先后制定并公布了国家网络安全战略。“棱镜门”事件曝光后，国际社会更是掀起新一轮互联网治理热潮。2013 年 10 月，全球相关国际组织领导人在乌拉圭共同签署关于未来互联网合作的《蒙得维的亚声明》，确认需要继续应对互联网治理的挑战，将所有的利益相关者平等参与视为未来互联网治理的发展方向，推进全球多利益主体互联网的合作演进。2014 年 2 月，欧盟委员会通过了一份关于《欧洲在塑造互联网监管未来中的作用》的报告，支持对互联网管理实施多边或多方利

① 周鸿祎. 万物互联时代到来，安全挑战前所未有 [EB/OL]. (2014-09-24)[2016-10-27]. http://tech.sina.com.cn/i/2014-09-24/13069640714.shtml.

益相关者体系，该体系不会将关键的互联网资源的控制权移交给任何政府间机构或政府，提倡建立更为透明和负责、更具包容性的互联网治理模式。2014 年 4 月，超过 80 个国家的代表出席的巴西互联网大会发表了《网络世界多利益攸关方声明》，倡导加强网络管理，反抗网络霸权，提出了国际互联网治理的“全球原则”和未来互联网生态发展的路线图。2014 年 10 月，中、日、韩签署了《关于加强网络安全领域合作的谅解备忘录》，倡导建立网络安全事务磋商机制，探讨共同打击网络犯罪和网络恐怖主义，在互联网应急响应方面建立合作。2015 年 5 月，俄罗斯与中国签署了《国际信息安全保障领域政府间合作协议》，双方特别关注利用计算机技术破坏国家主权、安全以及干涉内政方面的威胁。6 月，全球互联网治理联盟在巴西召开全球理事会，明确了联盟多利益方合作的治理模式，我国提出的“共同发展、尊重主权、确保安全、维护秩序、共享共治”的治网理念受到各国与会者高度赞同，被称为“完美的中国治网模式”。7 月，中德互联网产业圆桌会议召开，会议提出进一步深化合作，寻找新的合作突破口，加强优势互补。8 月，联合国信息安全问题政府专家组召开会议，专家组包括中国、俄罗斯、美国、英国、法国、日本、巴西、韩国等 20 个国家的代表。各国首次同意约束自身在网络空间的活动，具体包括不能利用网络攻击他国核电站、银行、交通、供水系统等重要基础设施，以及不能在 IT 产品中植入后门程序等。9 月，习近平主席访美期间，经过友好协商，中美就应对恶意网络活动、制定网络空间国家行为准则达成了一致意见，决定建立打击网络犯罪及相关事项高级别联合对话机制。同月，第八届“中美互联网论坛”在西雅图召开，论坛旨在促进中美两国互联网业界的交流与合作，指出互利共赢始终是中美网络关系的主流，中美在网络空间优势互补、深度融合、互利共赢是历史的必然选择。10 月，上海合作组织成员国主管机关在福建省厦门市成功举行了“厦门-2015”网络反恐演习，此次演习的主要目的是完善上海合作组织成员国主管机关查明和阻止利用互联网从事恐怖主义、分裂主义和极端主义活动领域的合作机制，交流各成员国主管机关在打击利用互联网从事恐怖主义、分裂主义和极端主义活动中的法律程序、组织和技术能力以及工作流程。[①] 10 月，第六届中英互联网圆桌会议在伦敦

① 佚名. 网络安全国际合作已成大趋势［EB/OL］.（2015-12-17）［2016-10-27］. http://theory.people.com.cn/n1/2015/1217/c401419-27939758.html.

开幕，会上签署了两国首个网络安全协议，旨在防止对两国企业以盗窃知识产权或瘫痪系统为目的的网络攻击。12 月，首次中美打击网络犯罪及相关事项高级别联合对话在华盛顿举行，双方就网络安全个案等达成广泛共识。这些必将为应对网络安全挑战产生重要作用。这也表明，完善全球互联网治理体系，维护网络空间秩序，必须坚持同舟共济、互信互利的理念。

（三）构建全球互联网治理体系将惠及世界人民

既然世界同用一张网，网络空间就是世界人民的公共空间，这个空间中的秩序就需要世界人民共同维护，维护这种秩序的规则也就必须符合世界大多数人民的利益。共同构建和平、安全、开放、合作的网络空间，建立多边、民主、透明的全球互联网治理体系，可以惠及世界各国人民。

安全是国家和人民的基本要求，构建国际互联网治理体系应以安全为基本保障。习近平主席在出席博鳌亚洲论坛 2015 年年会开幕式并发表主旨演讲时指出："迈向命运共同体，必须坚持共同、综合、合作、可持续的安全。当今世界，安全的内涵和外延更加丰富，时空领域更加宽广，各种因素更加错综复杂。各国人民命运与共、唇齿相依。当今世界，没有一个国家能实现脱离世界安全的自身安全，也没有建立在其他国家不安全基础上的安全。"他强调："只有合作共赢才能办大事、办好事、办长久之事。"中美对网络空间安全的认知差距集中在"公域说"与"主权说"两种立场迥异的理论：美方强调渲染网络无国界，奉行的是"网络自由主义"理念，认为网络空间是全人类共同享有的自由空间，没有所谓网络主权，私营部门和全球公民应当在空间安全治理中发挥主导作用。他们认为中国在国际上提倡互联网主权的做法是要为自己加强互联网的控制寻找借口，这会导致互联网空间的分裂，不利于自由、透明和可操作性。而实际上，美国却言行不一。一方面，美国不断加强互联网空间进攻性战略，成立网军，强化空间安全措施，其行为都来源于国家主权的授予，其政策强化着在网络空间行使主权的力度；另一方面，却又通过网络空间"公域说"的渲染，迫使其他国家永远依附和受制于美国的"丛林法则"，以此阻止其他国家在网络空间行使主权，以便于美国自由进入其他国家网络攫取数据资源，削弱他国网络空间权力和国力，使其能够强化网络空间霸权，加强对全球的控制，发生在美国的"棱镜门"事件就是铁证。我国主张网络信息领域不能有双重标准，各国都有权维护自己的网络信息安全，不能美国安全而中国不安全，更不能牺牲别国安全谋求美国自身所谓的绝对安全。

尽管各国国情、历史文化背景和互联网发展程度各异，治理模式、措施和策略也不尽相同，但加强网络空间治理的愿望是一致的。习近平主席在巴西国会发表演讲时指出：“当今世界，互联网发展对国家主权、安全、发展利益提出了新的挑战，必须认真应对。虽然互联网具有高度全球化的特征，但每一个国家在信息领域的主权权益都不应受到侵犯，互联网技术再发展也不能侵犯他国的信息主权。”中国不仅是网络大国，也是世界互联网秩序的有力维护者。习近平主席指出：“中国是网络安全的坚定维护者。中国是黑客攻击的受害国。中国政府不会以任何形式参与、鼓励或支持企业从事窃取商业秘密的行为。不论是网络商业窃密，还是对政府网络发起黑客攻击，都是违法犯罪行为，都应该根据法律和相关国际公约予以打击。”“中国互联网发展的成果不仅惠及 13 亿中国人民，也在努力造福世界各国人民。”①

中国还是国际网络空间治理新秩序构建的倡导者和推动者，为建立公平公正的世界互联网新规则做出应有的贡献。习近平主席在出席中美互联网论坛时表示：“中国倡导和平安全开放合作的网络空间，主张各国制定符合自身国情的网络公共政策，我们重视发挥互联网对经济建设的推动作用，实施‘互联网+’政策，鼓励更多产业利用互联网实现更好发展。”中国同时也在积极主动地向世界各国分享自己的成功经验，中国的企业更加积极地走向世界，给全世界更多的人带去中国的创新和技术。中国组织召开的世界互联网大会正是一个分享的大会，它给全世界展示和奉献着更多中国的创新和经验，为全球互联网发展与治理做出更大的努力和贡献。

地球本是人类的命运共同体，互联网又让它变成了“地球村”。互联网之父蒂姆·伯纳斯·李曾说过：如果互联网美好，那是因为现实美好；如果互联网丑陋，那是因为现实丑陋。网络空间是现实社会的延伸和拓展，也是现实社会的映射。从这个角度看，网络空间治理和现实世界治理是相通的。独行快，众行远。国际社会唯有携手合作，相互尊重、相互信任，才能共同构建和平、安全、开放、合作的网络空间，让互联网更好地造福全人类、造福全世界。

① 习近平．互联网让世界成为命运共同体［EB/OL］．（2015-12-15）［2016-10-29］．http://news.sohu.com/20151215/n431410402.shtml.

第三章　我国网络安全面临的挑战与问题

近些年，网络空间逐渐被视为继陆、海、空、天之后的“第五空间”，是国家主权延伸的新疆域，许多国家纷纷着手网络空间战略的调整和变革，并提出将采取包括外交、军事、经济等在内的多种手段保障网络空间安全。可以预见，全球新一轮网络空间备战将加快，网络空间主导权的争夺将更加激烈，世界将进入一个网络争霸的新时代。当前，互联网技术变革、应用和创新不断深化，互联网移动化、融合化、平台化等趋势凸显，互联网正在进入更深的交融、更广的交互、更高的智能发展新阶段，这给我国互联网发展带来了历史性的机遇，也使得互联网在我国经济社会发展中的地位和作用更加突出。但是由于外部主导互联网关键资源、网络空间全球竞争的压力加剧，尤其是著名的“棱镜门”事件给我国信息安全敲响了警钟，人们在享受网络带来的便利的同时，面临的信息安全风险将更加突出，网络与信息安全面临的挑战也更加严峻。

一、我国网络安全面临的严峻挑战

信息时代，互联网以开放、共享、多向、交互为特点，渗透到国家的政治、经济、文化等各个方面。面对一个更加开放的数字化、网络化和信息化的发展环境，经济全球化以及信息技术与网络技术的高度融合发展在给我国带来难得的发展机遇的同时，也对我国的信息安全提出了严峻的挑战，成为影响国家发展的一把“双刃剑”。

（一）网络政治安全面临的挑战

西方发达国家对我国的“西化”“分化”一直没有停止过。目前，境外敌对势力更是将互联网作为对我国渗透、破坏的主渠道，以“网络自由”为名，不断在网络上进行有针对性的攻击诬蔑、造谣生事，网络政治颠覆活动日益频繁，试图破坏我国的社会稳定和政治安全。据国外媒体报道，信息安全公司 Rapid7 近期公布了最易遭受黑客攻击的国家和地区排名，其中中国大陆排名第五。

1. 分裂势力通过网络组织活动，对社会政治稳定构成威胁

在西方敌对势力的煽动下，“疆独”“蒙独”“藏独”“台独”“法轮功”等反党、反社会主义、反对国家统一的势力利用网络进行政治动员，并对我国社会政治稳定形成了巨大威胁。2009 年 7 月 5 日，发生在我国新疆地区的打砸抢烧暴力恐怖事件就是以热比娅为首的“世界维吾尔代表大会”利用当时全球互联网最热门和最被年轻人群广泛接受的 SNS 传播技术，连接到无线通信设备（如手机）上，通过远程的实时信息传递和人员组织、调配实施的，造成了 184 人死亡、1000 多人受伤，严重影响了社会安全稳定。2011 年在“颜色革命”和北非、西亚国家的所谓“民主化浪潮”中，美国利用网络谣言的促进、煽动和激化作用，最终导致一些国家的政治动荡和政权更替。之后，在国外的反华网站上又号召我国国内的网民也走上街头，发起所谓的“茉莉花革命”。虽然这次的网络动员以失败告终，但是在北京的王府井、西单和上海等地都发生了因围观引发的群体性事件，对我国的政治安全造成了很大的威胁。

2. 反华势力对我国进行网络渗透

有些西方国家不断鼓吹“网络自由”战略，这种战略表面上是鼓励全世界人民通过网络媒体阐述观点、获得资讯、分享信息、政治参与，实际上是其利用先进的网络技术手段向其他国家，尤其是一些发展中国家传播其“西式民主”观念，进而实现其国家利益，是其霸权主义思想在网络空间的延伸。还有一些别有用心的网络意见领袖和组织，打着民主、自由、文明的旗帜抢占舆论的制高点，尽可能地向公众渗透和传播各种政治偏见、价值观念、理想信念。特别是一些非法组织通过网络进行有计划、有目的的宣传活动，宣传异教邪说，企图扰乱民

心，甚至通过恶意炒作新闻事件来诋毁国家形象，质疑政府的合法性和信仰的合理性，将简单问题复杂化、一般问题政治化、局部问题全局化，极力强化政府的腐败和不作为、信仰的堕落、主流意识形态的“失语”等。

美国前驻华大使洪博培曾在一场总统选举的党内电视辩论中明确说明，应联合他们的盟友和中国国内的支持者，这些人是互联网上的年轻人，他们将带来变化，类似的变化将“扳倒中国”。2014 年 9 月 27 日，发生在中国香港前后持续 79 天的“占领中环”事件，就是香港反对派通过网站、社交媒体、即时通信软件等动员、部署、组织的非法集会，集会开始后迅速失控，人群占据了港岛和九龙的交通要道，使香港的交通、经济、民生迅速陷入瘫痪。习近平总书记深刻指出，意识形态的斗争远没有终结，而是转入了新的阵地，斗争依然复杂尖锐，对此我们应保持清醒的认识。

3. 通过网络对我国进行信息监控、攻击及入侵

美国在 2007 年启动了一个监控竞争对手和盟国的计划，即“棱镜”计划。在该计划中，美国政府通过与谷歌、微软、雅虎等信息技术大企业联合，对用户的网络信息进行长期的窃听和监控。经我国有关部门查实，长期以来，美国对我国政府部门、机构、企业、大学、电信主干网络进行大规模监控、攻击以及入侵活动，美国的监听行动涉及广大手机用户、普通网民甚至国家领导人。我国多次向美方提出严正交涉，要求美方停止这种错误行为，但是美国至今未对其非法行为向中国人民及政府做出任何道歉，也没有丝毫收敛。这一事件反映了美国监控行为的广泛性、攻击性和大规模性。美国的监控行为给我国敲响了警钟，作为网络攻击的主要受害国，在全球信息化、网络化发展的大背景下，能否赢得意识形态领域渗透和反渗透斗争的胜利，在很大程度上决定着我们党和国家的未来。

（二）网络经济安全面临的挑战

随着互联网的快速发展，我国网络经济的规模也迅速增长，网络经济在国民生产总值中所占的比重已经达到了不可忽视的程度。目前，电子商务已经深入每个人的日常生活之中，网络购物应用成为我国十大网络应用之一。国家统计局的数据显示，2015 年消费对 GDP 的贡献率为 51.6%，其中网络消费支出对 GDP 的贡献率为 29.1%。过去五年，网络消费规模指数增长 12.1 倍，增速为社会消

费品零售总额增速的2倍多；网络消费水平指数从2011年1月的96上升到2016年4月的122.2，涨幅为27.2%。然而，在如此迅猛的经济发展中更加需要注意到网络经济腾飞背后，因为安全措施的不到位、安全观念的落后、安全机制的缺失导致网络经济安全面临着严峻的挑战。

近几年，在电子商务领域不断传出网站存在漏洞、用户数据被泄露的消息，从网站论坛类账户安全到个人资金安全，已经被卷入的企业有走秀网、佳品网、当当网、支付宝和京东商城5家电子商务行业网站，涉及用户数量超过3500万人。中国互联网协会发布的《2016中国网民权益保护调查报告》显示，2016年上半年以来，我国网民平均每周收到垃圾邮件18.9封、垃圾短信20.6条、骚扰电话21.3个；76%的网民曾遇到过冒充银行、互联网公司、电视台等进行中奖诈骗的网站，冒充公安、社保等部门进行诈骗和在社交软件上进行诈骗的情况有增长的趋势，37%的网民因各类网络诈骗而遭受经济损失。据统计，从2015年下半年到2016年上半年的一年间，我国网民因垃圾信息、诈骗信息、个人信息泄露等遭受的经济损失高达915亿元。

1. 网络恐怖主义的挑战

信息网络的渗透和发展为恐怖主义活动提供了一个前所未有的“巨大的活动平台”。正如托马斯·弗里德曼在《世界是平的》一书中所言：“这个平坦的世界不仅仅是让程序员和计算机高手获得了合作的机会，‘基地组织’和其他恐怖组织同样会感到如鱼得水。”通过运用网络技术，恐怖活动的有组织化、政治宣传、资金募集、隐蔽性和机动性以及获取恐怖活动的其他技术与谋略资源变得十分便利和快捷。随着各国及全球信息网络的发展，网络恐怖袭击的可能性和威胁性将会越来越大。最有可能成为网络恐怖袭击目标的是网络化的国家关键基础设施、信息数据库、全球金融网络和电子商务系统等。由于信息网络系统在经济活动中得到普遍运用，网络恐怖活动对一国甚至全球的经济安全构成了巨大威胁。“法轮功”邪教分子就曾利用国际互联网、境外通信设施对我国一些交通、通信及金融设施、机构进行破坏，造成了巨大的经济损失。

2. 信息技术的固有缺陷和漏洞的挑战

由于人工设计的漏洞和计算机语言逻辑的矛盾，计算机和互联网从诞生之日

起就带着与生俱来的技术漏洞和设计缺陷。计算机操作系统与网络软件中难以完全克服的漏洞和缺陷使得病毒与黑客能够加以利用，通过网络窃取、销毁用户资料或擅自安装软件控制整个操作系统。已经基本解决的计算机“千年虫”问题就是一个典型事例。在“千禧年”之夜（2000 年），“千年虫”吞掉了美国间谍卫星两个多小时的绝密情报。为防止金融系统网络故障，我国仅银行系统为消除计算机系统“千年虫”就花费了 100 多亿元人民币。然而，从计算机与网络技术发展的进程来看，每一项新的操作系统诞生的同时都会引发新的安全问题，而且随着信息网络技术应用范围和领域的不断扩大，其安全性问题也相应地逐步扩散，这对我国这样一个信息化起步不久的发展中大国构成了严峻的挑战。

3. 信息网络窃密活动的挑战

经济的全球化和信息化给经济情报搜集提供了一个崭新而又巨大的活动舞台，信息化环境改变了传统的情报活动方式，随着人类社会经济活动的日益电脑化、网络化和数据化，网络窃密和泄密也变得防不胜防。

目前，虽然我国一些企业针对资金安全、信息安全等采取了较好的安全措施，在硬件配置、软件开发、信息传递等方面提供了较好的安全保障，但广大的中小企业在安全领域的忽视与不作为以及日趋恶化的网络总体环境却掩盖不了网络安全形势的严峻，资金流失、信息盗取等不同形式的网络经济犯罪行为层出不穷，严重威胁着从企业到群众、从国家到区域的网络经济安全。

4. 网络经济犯罪的挑战

当前网络犯罪正在利用各种信息系统管理和信息安全的漏洞及缺陷对世界各国的经济发展和社会稳定造成极大的伤害，每年全球经济损失中有超过 4000 亿美元是由网络犯罪造成的。仅 2013 年一年，就有超过 3 亿人的个人信息通过网络手段被盗走。

网络经济犯罪实质上就是利用互联网信息的技术安全漏洞窃取用户信息资源后实施犯罪活动。1986 年我国出现了第一例网络犯罪，此后利用互联网犯罪的案件迅速增加。根据公安部的统计，从 2009 年到 2011 年，我国网络犯罪案件数量从 2259 起增加到 4712 起，年增幅超过 40%，在全国总的犯罪案件中占比更是由2.1%上升到了3.2%。网络经济犯罪导致的经济损失高达7086亿元人民币，平均每人损失2900元。2014年，大约2.4亿中国消费者成为网络犯罪的受害者。网络犯罪给个人及企业造成了巨大的经济损失，对国家经济信息安全和社会稳定造成了重大的影响。

（三）网络文化安全面临的挑战

当前，我国正处在社会转型的关键时期，而西方国家不择手段地制造舆论以牵制我国的发展，通过政治上淡化、形象上丑化、思想上腐化等手段，暗中策划和支持反华势力等，其中互联网和移动互联网正是这些国家实现其图谋的重要武器，导致我国网络文化安全面临着前所未有的威胁和挑战。

1. 网络上消极庸俗文化的盛行将削弱我国优秀传统文化的地位

优秀传统文化是中华民族发展的强大精神动力和精神财富，是民族精神和民族特征的名片，是熔铸在中华民族血脉中的文化因子，其地位必须坚决维护。但是近几年来，各种庸俗文化在网络上盛行，五花八门的庸俗文化铺天盖地而来。风靡网络世界的“恶搞”，从方言配音到电影剪辑，从影视人物到现实名人，无不攻击，恶搞的枪口甚至瞄准影响过几代人的“红色经典”和优秀传统文化。网上庸俗的“恶搞”、不健康的信息正挑战着人们的价值观和道德底线，网络庸俗文化的传播对青少年的成长造成了严重的负面影响，也对民族传统文化形成了不小的冲击。

2. 网络上各种错误价值观的大行其道对我国主流意识形态形成了现实的冲击

当前，意识形态的斗争已经转移到了网络空间。作为意识形态的信息载体和传播工具之一，网络空间对意识形态领域的影响力日益增强。在网络时代，谁掌握了信息技术的话语权，谁就对意识形态起到引导和影响作用。正如阿尔温·托夫勒所说：“世界已经离开了暴力与金钱控制的时代，而未来世界政治的魔方将控制在拥有信息强权的人的手里，他们会使用手中掌握的网络控制权、信息发布权，利用英语这种强大的文化语言优势，达到暴力、金钱无法征服的目的。”网络空间中海量的信息浪潮不断冲击着人们的传统价值观念，形成多元的价值取向，进而引发社会意识形态潜移默化的变化。

近年来，美国等西方发达资本主义国家利用其直接掌控的网络媒体垄断资源和先进的手段肆意宣传资本主义的政治观和价值观，借以攻击和抹黑中国传统文化，动摇民众对民族精神的心理认同和价值认同，危害我国的社会稳定和长治久安。我国现有网民总数达 7.1 亿人，手机网民规模达 6.56 亿人，如果广大网民没有高度自觉自信的国家倡导的主流文化价值观，势必会左右摇摆，最终动摇社会主义核心价值观，进而威胁到我党意识形态的领导权、话语权和管理权。

3. 国外敌对势力推行的文化霸权主义和网络渗透对我国的文化安全构成了威胁和挑战

网络文化的力量不容小觑，一旦忽视，它对整个国家的政治命运影响将是致命性的。正如美国前驻华大使洪博培说："美国要扳倒中国，就必须依靠我们在中国内部的盟友和支持者，他们被称为'年轻一代'，或者'互联网一代'。"美国《国家信息基础设施行动计划》指出："开辟网络战场的目标就是使西方价值观统治世界，实现思想的征服。"

随着中国的崛起，以美国为首的西方世界一直将中国视为强劲的对手和攻击的目标。西方发达国家利用其网络构建的发达和信息传播的优势，将附带其政治理念和价值观的各类信息植入中国的网络市场，进行文化侵略，冲击着我国传统文化价值观。当前，国外流行文化大量充斥我国互联网市场，不少青年对我国的传统文化漠然视之，甚至不屑一顾，却对以好莱坞、麦当劳为代表的美国式大众文化以及"韩流"的消费热衷痴迷。尤其随着西方消费主义思潮的蔓延，我国民众的消费观念、消费习惯和消费心理正在被西方文化影响。在网络信息的影响下，人们的价值观念和生活方式发生了偏移，人们对本民族的归属感日益淡化，心理上的国家界限也会趋于模糊。西方文化向我国单向传播和侵入，其中埋藏着巨大的危险性和潜伏性，能够破坏我国民族文化的凝聚力，长此以往甚至可能动摇民族的文化根基。

（四）网络社会安全面临的挑战

当前，人们的日常活动越来越离不开网络，网络系统的安全问题严重影响着人们的学习、工作和生活，甚至影响到整个社会的安定。

1. 对政府和企业的数据安全造成威胁

我国网络安全的基础设施建设高度依赖国外，使得社会的“命脉”和核心控制系统有可能面临损坏和瘫痪。目前，我国的银行、铁路、民航、社保及其他关乎国计民生行业的大量数据基本上都存储在微软的SQL Server、甲骨文的ORACLE以及IBM的DB2这些非本国品牌的数据库服务器中，美国的IBM、惠普等公司占据中国大型服务器80%以上的市场。这些服务器具有强大的计算能力，每天都在为政府机关和企事业单位以及个人提供各种各样的金融和电子商务等日常服务。如果这些服务器受到远程控制，可以随时被切断服务，甚至导致整个社会的混乱。而且这些服务器所用软件都不是开源的，我们对其存在的安全漏洞无从知晓。作为计算机和智能手机的核心部件和主要计算单元，在PC端，CPU主要有Intel和AMD两大品牌，智能手机所使用的CPU都由高通公司提供。如果在这些CPU上植入木马，现存的任何检测软件都无法检测到此类硬件木马和病毒，并且它们可根据需要随时引发病毒，造成计算机系统停止工作。这些数据库系统软件公司可以配合所在国政府轻易地删除或修改我国的核心数据，而这些数据的丢失不仅会引起社会的恐慌，更会给我国政府和企业的数据安全造成极大的威胁。

2. 严重影响网民日常生活秩序，并造成网民的经济损失

计算机记录及储存的强大功能、国际网络的迅速兴起，使得个人数据的搜集与利用更为方便和快捷，但同时个人的隐私也逐渐暴露在公众面前，隐私被侵犯的可能性大大增加。“360互联网安全中心”的《2015年度中国网站安全报告》显示，在被调查的网站中43.9%存在安全漏洞，一年有55亿条信息因这些网站漏洞而泄露，而这些漏洞的修复率竟不足一成。大量的用户个人信息通过网购平台、快递公司、移动应用程序以及各类互联网金融应用被泄露出去。信息泄露事件频发的背后是互联网地下黑色产业链日益壮大：黑客用技术手段对企业网络系统进行攻击，然后将获得的数据中的用户信息拿到“黑市”上贩卖，1万条用户数据能卖到几百至上千元不等的价格，而这也成为黑客攻击网站、系统，获得信息数据的最大利益驱动。据新闻报道，2015年10月，网易的用户数据库疑似泄露，影响数据总共数亿条，泄露信息包括用户名、MD5密码、密码提示问题/答案（hash）、注册IP、生日等，大量用户受到影响，Apple ID被锁，微博、支付宝、百度云盘、游戏

账号被盗等不一而足。而对于数据泄露事件，网易邮箱团队通过微博发布官方声明，称邮箱被暴力破解“属于网络谣传”。孰真孰假，愈显扑朔迷离。

不仅个人信息泄露给网民日常生活及资金安全带来极大的威胁，计算机病毒的广泛传播也造成了网民大量的经济损失。腾讯发布的《2015 年度互联网安全报告》统计数据显示，2015 年我国新发现的电脑病毒数为 1.45 亿个，较 2014 年增加了 5%。病毒感染量达 48.26 亿次，“流氓软件”感染量达 3.70 亿次，盗号木马感染量达 0.80 亿次。国家计算机病毒应急处理中心发布的第十五次全国信息网络安全状况调查显示，由于操作系统存在安全漏洞，防病毒软件功能不够完善，加之用户防范意识不足，智能终端的受攻击概率远高于 PC 机。2015 年移动终端病毒感染比例上升至 50.46%，垃圾短信、欺诈信息成为造成安全问题的主要途径。

3. 网络群体事件的频繁发生严重危害社会安全稳定

我国特殊的国情和网情使得网络文化中充斥各种负面信息，虚假信息、暴力信息、危险信息等大量的负面网络舆情不仅影响着网络社会，也对现实社会产生了重要影响。而在群体性事件的策划、实施、应对过程中，网络起到至关重要的作用。由于网络传播的迅速性，一些负面“网络群体性事件”可以在很短的时间内造成很严重的影响。据《半月谈》报道，当前我国网络群体性事件 70%是从微博发起的。微博“自主、便捷、随时随地”发送信息的特性对现实社会的群体性事件起到催化和发酵作用，加大了政府处置群体性事件的难度。如 2011 年 6 月 10 日晚，来自四川的打工者唐某某和王某某夫妇因占道经营，与广东省增城市新塘镇大敦村治保会治保员发生纠纷，随后引发肢体冲突，孕妇王某某受伤。这场偶发的冲突于当晚演变成群体性事件，且持续了近 3 天之久。在该群体性事件发生全过程中，现场的参与者或围观者通过手机、电脑等在微博上发布大量文字、照片、视频，直播事件进展，谣言也满天飞，诸如“孕妇老公被活活打死”的虚假信息快速在网络空间扩散，在社会上造成了恶劣的影响。

随着信息技术的迅猛发展和互联网的普及，特别是以微信、Facebook 和 LINE 为代表的新一代即时通信软件的推广和普及应用，信息传播的速度、广度和实时性都达到了史无前例的程度。互联网应用深入国家与社会的各个方面，其中也伴随着大量的不良信息以及恶意的网络行为，社会矛盾的敏感性、错综性、对抗性不断加剧，使我国网络社会蕴藏极大的安全风险，严重威胁国家的政治、经济、文化正常秩序和社会安定等，甚至会引发国家与社会动荡。

二、我国网络安全存在的主要问题

随着互联网的高度普及和推广，以及国家对互联网及其安全保障的不断重视，网络信息安全已经成为我国重要的国家战略，维护网络安全的手段也不断丰富。但是与欧美等发达国家和地区相比，我国在网络信息安全方面起步较晚，在技术方面的积累不足，仍存在许多问题。

（一）网络关键基础设施仍严重依赖国外

1. 缺乏自主的核心软件技术和计算机网络设备

随着互联网的快速发展，形成了“互联网+”这样一个依托互联网信息技术实现互联网与传统产业联合的新的经济形态，使得互联网成了一个关系国计民生的重要产业。但因为信息安全产品严重缺乏自主核心技术的支撑，我国信息安全面临着“三大黑洞”：一是CPU芯片，二是操作系统和数据库管理系统，三是网关软件，这三者大多依赖进口。

互联网的最初设想与原型概念来源于美国，不管是网络协议地址管理，还是重要资源管理，基本上都处于美国的控制之下。例如，全球13个根域名服务器中有9个在美国，美国还拥有世界上最大的网络带宽、最先进的海底光缆技术、最多的光缆数量；在操作系统、芯片、通信设备等核心软硬件方面，美国拥有最领先的技术能力；Google、Facebook、Twitter、YouTube等具有全球影响力的网站使美国在信息服务领域占据了绝对的竞争优势；思科、Juniper、微软、甲骨文、IBM等公司占全球市场的大部分份额，Intel、AMD等大公司控制了全球90%的芯片市场，全球90%的操作系统由微软控制。软硬件资源的绝对优势使得美国控制了全球的信息系统建设，我国网络关键基础设施建设对其依赖程度也在不断加深。[①] 目前，我国每年用于进口芯片的花费为2000多亿美元，已经超过进口石油的费用；在操作系统、大型数据库等关键基础软件方面，我国市场上

① 王钲淇．新形势下我国信息网络安全面临的挑战及对策［J］．未来与发展，2016（1）：1-4.

2/3 的软件是外国产品，操作系统和大型应用软件约 90%是国外产品，绝大部分 TCP/IP 协议、微机芯片都是 Intel 系列。我国网络基础设施建设严重依赖国外，而发达国家却在信息安全、高技术产品出口方面对我国进行严格限制。美国国家计算机安全中心（NCSC）1987 年发布了“可用网络说明”（TNI－Trusted Network Interpretation），规定了安全网络的基本准则，根据不同的安全强度要求将网络分为 4 级、8 类的安全模型，由低到高分别为 D、C1、C2、B1、B2、B3、A、A1。而美国出口到我国的计算机安全系统只有 C2 级，是 8 类安全级别中的倒数第三位。

2. 引进设备具有严重安全隐患

为了缩小与世界先进水平的差距，我国引进了不少设备，但这也带来了不可轻视的安全隐患。首先，外国技术封锁使我国无法获得最新信息技术，封锁和遏制了我国电脑硬件的发展。大部分设备引进时都不包括知识产权，很难获得完整的技术档案，给以后的扩容、升级和维护带来了麻烦。其次，有些引进设备可能在出厂时就隐藏了恶意的“定时炸弹”或者“后门”，这些预设的“机关”有可能对网络信息安全与保密构成致命的打击。例如，一些国家研制出的计算机“接收还原设备”可以在数百米甚至数千米的距离内接收任何一台未采取保护措施的计算机信息。由于缺乏自主技术，我国的网络处于被窃听、干扰、监视和欺诈等多种信息安全威胁中，网络安全处于极脆弱的状态。最后，黑客往往会通过现有的技术研究新技术，发现新技术的漏洞。因此，当安全问题还没有被认识、被解决之前引入新技术，就可能造成更加严重的安全隐患。国际上电脑软件的垄断和对我国软件市场的价格歧视不仅造成重大的经济损失，迟滞了发展速度，而且带来了安全隐患。

3. 信息和网络安全防护能力差

《国家信息安全报告》指出，如果将信息安全分为 9 个等级，我国的安全等级为 5.5，介于相对安全与轻度不安全之间。我国的网络安全系统在预测、反应、防范和恢复能力方面存在许多薄弱环节，甚至一些应用系统处于不设防状态。硬件不配套且多为进口设备、软件缺乏、设施不完善、标准不系统、信息安全技术缺乏完整的体系等都使我国网络存在严重的安全隐患。

近年来，伴随着我国电子政务、电子商务的快速发展，国内与网络有关的各类违法行为以每年30%的速度递增。我国95%与互联网相联的网络管理中心都遭受过境内外黑客的攻击或侵入。据了解，从1997年年底到现在，我国的政府部门、证券公司、银行等机构的计算机网络相继遭到境外黑客的频繁攻击。来自国家互联网应急中心（CNCERT）的数据显示，我国遭受境外网络攻击的情况日趋严重，2013年1月1日至2月28日不足60天的时间里，境外6747台木马或僵尸网络控制服务器控制了我国境内190余万台主机；近一年中，一些境内外黑客组织发动的互联网攻击行动至少影响我国境内万余台电脑，攻击范围遍布全国31个省级行政区，其中北京、广东是“重灾区”，教育科研、政府机构是重点攻击领域。据天眼实验室监测，我国是互联网高级持续性威胁攻击的受害国。截至2015年11月底，天眼实验室所监测到的针对我国境内科研机构、政府机构等组织单位发动攻击的境内外黑客组织累计达到29个。

（二）网络安全相关管理制度不到位

网络运行管理机制是实现全网安全和动态安全的关键，它的缺陷和不足制约了网络安全防范的力度。

1. 网络安全管理机构缺乏权威性

当前，网络安全领域面临的国际信息安全环境愈加复杂，因此世界各国都成立了专门的管理机构。如20世纪80年代初，美国政府成立了美国国家保密通信和信息系统安全委员会（NSTISSC）；英国于2009年成立了国家网络安全办公室和网络安全行动中心；德国设立国家网络委员会和国家网络反应中心，并于2011年成立了国家网络防卫中心；俄罗斯成立了由总统主导的国家信息政策委员会，并着手组建了相应的职能机构，统一部署国内网络安全工作。

我国于2011年成立了国家互联网信息办公室，并于2014年2月27日成立了中央网络安全和信息化领导小组，统筹协调涉及经济、政治、文化、社会及军事等各个领域的网络安全和信息化重大问题，研究制定网络安全和信息化发展战略、宏观规划和重大政策，推动国家网络安全和信息化法治建设，不断增强安全保障能力。但是由于历史原因，我国网络信息安全管理体制仍存在一些问题。

首先，我国的网络管理体制属于条块分割的系统管理体制，各行政机构负责自己单位的网络信息安全，整个网络信息的安全管理是分散的，缺少统一的具有高度权威的信息安全领导机构，依然存在相关管理部门各自为政、政府各部门独立管理造成的管理层级低、效率低、难度大等问题。其次，我国网络监管的基础设施跟不上网络的快速发展，网络监管技术也落后于网络科技的快速发展，虽然在网络监管方面采取了一些技术手段，但是面对网络犯罪存在的瞬时性、广域性、专业性、时空分离性等特点，无法实现有效的监管和打击。管理上的漏洞太多，使得政府在实行网络监管方面监管力度不够大、监管范围不够广、监管程度不够深，境内外的网络犯罪和攻击多次发生。自1986年出现第一件银行计算机犯罪案以来，案件数量呈直线增长，每年网络犯罪发案率以30%的速度递增，极大地影响了国家对信息网络安全的管理效率和管理成果。最后，我国信息网络安全管理机构存在资源分散、信息共享少、专职管理人员和技术人员缺乏等不足，对随时可能出现的安全问题无法形成有效合力，导致很难有效地防范国内网络犯罪和境外情报研究机构的攻击，无法应对有组织的高强度的攻击，国家有关法规的贯彻执行受到了极大的阻碍。

2. 网络管理相关立法不完善

现有的网络安全法制体系不完善，不能满足实际工作的需要。从整体上看，我国信息安全立法刚刚起步，加强重要信息基础设施保护、防范不良信息入侵等关键性的专门法律尚未出台，信息安全法制建设滞后于形势的发展和实际工作的需要。

随着互联网的快速发展，我国对相关法规的执行也缺乏力度。国内虽已逐步颁布了一系列的互联网相关法律法规，然而其中相关部门规章和规范性文件较多，行政性立法较多，有关民事商事的立法较少，相关法律法规明显不足。互联网发展历史较短，技术更新过快，开放性强，以致国内管理互联网的经验不足，相关的互联网立法显得相对滞后、不成熟，主要体现在以下几个方面：

一是缺乏网络安全相关立法的顶层设计。2014年，习近平总书记在中央网络安全和信息化领导小组第一次会议上的重要讲话中就指出："要抓紧制定立法规划，完善互联网信息内容管理、关键信息基础设施保护等法律法规，依法治理网络空间，维护公民合法权益。”习近平总书记在2015年第二届世界互联网大会上的重要讲话中强调，网络空间不是“法外之地”，“要坚持依法治网、依法办网、依法上网，让互联网在法治轨道上健康运行”。在4月19日召开的网络安全和信息化工作座谈会上，习近平总书记再次强调：“要加快网络立法进程，完善依法监管措施，化解网络风险。”2015年以来，新修订的《中华人民共和国国家安全法》《中华人民共和国网络安全法》等多项网络安全相关法律相继推出，党的十八届五中全会将“网络强国战略”纳入了“十三五”规划的战略体系。目前，由全国人大常委会法治工作委员会、中央网络安全和信息化领导小组办公室等部门牵头起草的《电子商务法》《未成年人网络保护条例》也将尽快出台，国家网络空间安全相关立法的顶层设计得到明显加强。

尽管如此，在我国互联网立法中，只有2004年颁布的《中华人民共和国电子签名法》是正式的法律。《电子签名法》规定了国务院信息产业主管部门对电子认证服务业进行监管，规定了伪造、冒用、盗用他人的电子签名应承担的刑事和民事责任，被称为“中国首部真正意义上的信息化法律”，对于规范电子签名行为、确立电子签名的法律效力、维护有关各方的合法权益、推动我国电子商务发展起了积极的作用。但是该法对网络交易安全的内容涉及较少，基本不能解决网络交易安全的问题。

目前，我国在网络安全法规方面具有法律性质的规定有两部：一部是2001年颁布的《全国人民代表大会常务委员会关于维护互联网安全的决定》，另一部是2012年颁布的《全国人民代表大会常务委员会关于加强网络信息保护的决定》。全国人大常委会颁布的这两个决定是否属于法律，业内仍有不同的看法。一种观点认为，在立法条件不具备的情况下，决定可以代替法律发挥作用。也有观点认为，法律具有系统性、规范性、稳定性的特点，而决定一般是在尚不具备形成系统规范的法律条文时制定的，是调整某种较为突出的社会现象的规范性文件，而这两个决定都是针对一个时期我国互联网中出现的突出问题寻求解决机制，严格来讲并不是法律，只能称作“准法律”，或带有国家法律性质的决定，它并没有全面地奠定我国网络安全保护的法律基础。[①] 因此，在复杂多变的网络安全环境

① 陆冬华，齐小力．我国网络安全立法问题研究［J］．中国公安大学学报（社会科学版），2014（3）：58-64.

中，如何尽快构建适应我国发展的网络安全法律体系，进一步细化网络安全立法的顶层设计，高效应对我国网络安全面临的挑战，是当前迫切需要解决的问题。

二是立法位阶较低。在我国的网络安全立法中，除了全国性的法律外，属于行政法规层级的规章有《中华人民共和国电信条例》《中华人民共和国计算机信息系统安全保护条例》《互联网信息服务管理办法》《信息网络传播权保护条例》《互联网上网服务营业场所管理条例》等10余部，涉及互联网生活的重要部门规章有20多部，主要针对网络信息服务、视听节目、网络游戏、网络教育等多个门类。最高人民法院和最高人民检察院还先后颁布了《关于利用信息网络实施诽谤等刑事案件适用法律若干问题的解释》《关于办理利用互联网、移动通讯终端、声讯台制作、复制、出版、贩卖、传播淫秽电子信息刑事案件具体应用法律若干问题的解释》等4个重要司法解释。

总体来看，我国目前针对网络安全管理出台的法律很少，即使把所有与互联网有关的法律都包含进去，数量也不多，而且从规定的内容和形式上来看，多以规章规范为主，严格意义上的法律较少，覆盖面也不广。一方面，大多侧重管理需要，以规章规范为主，将许多义务和责任强加给互联网用户和互联网产业，而很少提及用户的权利，有着很浓的管理色彩。尤其是有关网络谣言、网络舆论、公民隐私等方面，公民的通信自由权和隐私权等基本权利没有得到有效保护，"某某门""人肉搜索"等现象层出不穷。而且，在民事商事等与人民利益密切相关的方面法律法规较为欠缺，公民通信权、隐私权、青少年保护等方面的法律法规更是缺乏。而在国外，各国普遍都很重视互联网对未成年人的侵害，如美国有《儿童在线隐私保护法》、德国有《阻碍网页登录法》等。另一方面，立法中呈现出各自为政的情况，缺乏统一的协调，法规和法规之间、法规与规章之间的衔接存在较多的问题。例如，现行的法律法规尚未对网络安全作出统一的定义，多是从自身的职责出发，分别从计算机、电信、互联网、电子商务等领域认识网络安全，缺乏统一的认知，缺乏统筹规划，法规的协调性和相通性不够。有些法规制度缺乏针对性和操作性。

三是立法滞后、内容陈旧。互联网的发展日新月异，已经进入5G时代，网民和网站的数量迅猛增长，新的传播方式层出不穷，微博、微信等各种网络媒介每天都在产生数以亿计的信息，特别是现在网络进入云时代，大数据将成为宏观调控、国家治理、社会管理的重要信息基础，电子支付、手机钱包、二维码、一卡通等成为金融服务新领域。我国的网络安全立法却大多停留在十几年前甚至二十年前，如国务院《中华人民共和国计算机信息系统安全保护条例》是1994年制定的，《全国人民代表大会常务委员会关于维护互联网安全的决定》是2000年制定的，针对当前打击网络谣言、维护网络版权和金融安全等新形势，这些法律及规章制度在管理互联网和保障网络安全方面发挥的作用非常有限，远远不能适应网络安全的现状。[①]

3. 网络信息安全投入不足

近年来，我国互联网蓬勃发展，规模不断扩大，应用水平不断提高，成为推动经济发展和社会进步的巨大力量。截至2015年12月，我国互联网用户数量已达6.88亿人，移动互联网用户数量达6.2亿人，域名总数2231万个，网站总数357万个，互联网普及率达50.3%，互联网与移动网络的用户数量均居世界第一。然而，在互联网快速发展的同时，我国对网络安全的投入却远远低于发达国家。以通信行业为例，2014年我国基础电信运营商整体投入约5亿元，但网络信息安全投入占总投入比例不到1%。电信行业是我国安全市场需求前三的行业，其投入比例尚且如此，其他行业的状况可见一斑。IDC数据显示，欧美国家网络安全投入占信息技术整体投入的比重为8%～12%，而我国仅占1%～2%。美国2016财年预算报告显示，联邦政府要新增140亿美元用于支持政府层面的网络安全发展战略，这意味着较2015财年总额增长了11%。2015年11月17日英国财政大臣奥斯本宣布，英国计划在未来五年内投入19亿英镑，用于打击网络袭击和网络恐怖活动，阻止恐怖分子利用互联网威胁英国国家安全，这一投资规模较此前的计划高出了一倍。FBR资本市场分析师里夫斯更是预计未来几年全球网络安全开支增速将高达30%。毫无疑问，网络安全将站在未来十年互联网的“风口”。

安全投入的不足成为制约我国网络产业发展的重要因素。与国际巨头相比，我国网络安全产业多以提供技术和产品的中小民营企业为主。这些企业的技术能力参差不齐，规模较小，鲜有相互投资与合作，缺少技术交流，难以形成合力。

① 陆冬华，齐小力．我国网络安全立法问题研究［J］．中国公安大学学报（社会科学版），2014（3）：58-64.

加之地方政府、企业等对网络安全投入不足，以及缺乏合理的市场机制与标准，导致交易环境恶化。交易环境持续恶化和整体产业小、弱、散，使得我国网络安全产业发展处于无序、缓慢的状态。在世界前20大信息安全公司中，美国有15家，以色列、中国台湾地区、荷兰、英国各1家，中国大陆的公司榜上无名。可见，我国政府、企业对信息系统安全问题重视程度还很不够，投入严重不足，网络安全产业整体不强大，就难以完成国家基础设施和重要信息系统安全保障的重任。

4. 网络安全管理人才匮乏

中国网络信息办公室、国家发展和改革委员会、教育部等六部门在联合印发的《关于加强网络安全学科建设和人才培养的意见》中指出，网络空间的竞争，归根结底是人才竞争。从总体上看，我国网络安全人才还存在数量缺口较大、能力素质不高、结构不尽合理等问题，与维护国家网络安全、建设网络强国的要求不适应。

法律靠人执行，管理靠人实现，技术靠人掌握，确保网络空间安全，拥有信息安全专业人才是关键。目前，世界各国均普遍存在信息安全专业人才匮乏现象。有调查显示，即使在利用各种渠道和优势聚集了几乎全球各类高端科技人才的美国，优秀的信息技术专业人才仍然非常紧缺，而信息安全专业人才更是非常匮乏。英特尔公司安全研究团队的调查报告中提到：他们在全球范围内开展了一项关于全球顶尖安全人才数量的调查，调查结果显示，在不同的行业都出现了顶尖网络安全人才极度匮乏的现象。2016年以来，全球范围内呈现出网络安全领域高精尖人才匮乏日趋严重的现象。

在我国，信息安全专业人才匮乏的情况也不容乐观，与日益增长的网络安全需求相反，网络安全人才出现了严重缺失的局面。数据显示，截至2015年6月，我国已培养信息安全专业人才5万余人，但仍无法满足政府、部队和其他行业及部门的人才需求，预计国内目前信息安全专业人才缺口高达50余万人，而今后几年内社会对信息安全人才的需求仍将以每年2万人的数量增加。截至2015年年底，我国2500多所高校中开设网络安全专业的只有大约100所，其中博士学位授予点、硕士学位授予点不到40个，每年我国网络安全专业毕业生不足一万人，人才的培养滞后于社会需求5～10年，网络安全人才储备与日益增长的网络安全需求极不相称。网络安全人才需求较大的行业较为广泛，涉及金融、证券、交通、能源、海关、税务、工业、科技等重点行业，现有的人才远远无法满足“建设网络安全强国”的迫切需求。

网络安全人才不仅数量上远远不足，人才结构也远不能满足高速发展的信息化建设的需要，专业型人才、复合型人才、领军型人才明显短缺。当前，信息网络的规模不断扩大，技术不断更新，新业务不断涌现，而信息安全人才短缺、整体素质不高，尤其缺乏高素质的专业人才。从事系统管理的人员由于技术的扩展，技术的管理也应同步扩展，但从业人员却往往不具备安全管理的技能、资源等。信息安全管理工作人员在数量上和水平上都不符合当代信息安全形势的要求，这一现状也将严重影响我国网络安全建设，制约我国信息化发展进程。

国家核心竞争力的提升，关键在于人才的培养。高端网络安全战略人才和专业技术人才的匮乏表明我国信息网络安全人才培养体系亟待改善。与欧美国家相比，我国互联网发展较晚，在信息网络安全普及教育和人才培养上相对滞后，这也是造成我国网络安全人才匮乏的主要原因之一。要想推进信息网络安全事业发展，必须创新网络安全人才培养机制和模式，树立新的安全人才观念，通过开放合作、体系建设、提升企业责任三个维度，进一步提升网络安全人才的专业实力，加快人才输出，推进核心技术研发和全民信息网络安全普及教育。

在“十二五”期间，我国建立并完善了以高等学历教育为主、以中等职业教育和各种认证培训为辅的信息安全专业人才培养体系；到2020年，我国开办信息安全专业的大专院校将达到200所左右，学历教育年培养人才达到3万人/年，各种职业教育和认证培训人才达到1.5万人/年。2015年6月，国务院学位委员会、教育部颁布了增设“网络空间安全”为一级学科的决定，为我国信息安全专业人才的培养注入了一剂“加速剂”。

（三）信息安全意识淡薄

互联网以其广泛的覆盖面、强大的功能为人类社会的发展和进步发挥了重要作用，在为人们的社会经济生活提供便利的同时，其技术的超前性和不可控性导致网络安全治理滞后的问题也更加突出，网络犯罪、网络舆论和网络谣言等网络传媒安全问题不断升级。网络传媒安全问题面临的主要挑战之一就是网民安全意识淡薄。《公众网络安全意识调查报告（2015）》显示，我国17.07%的网民几乎

从不更换账号和密码，85.11%的网民不经阅读就直接同意用户相关协议，38.94%的网民经常使用无密码的 WiFi 进行网上支付，55.18%的网民曾经遇到网络诈骗，36.97%的网民随意进行二维扫码认证，49.23%的手机网民不正规地下载各种应用软件。这充分体现了我国大量的互联网用户上网习惯不安全、缺乏网络安全意识，导致网络犯罪案件频发，加大了执法的难度。

计算机网络出现的安全问题主要涉及两个方面：一方面是技术层面的问题，即网络安全屏障体系的设置；另一方面则主要是个人安全意识问题。目前，在网络安全问题上还存在不少认知盲区和制约因素。网络经营者和机构用户注重的是网络效应，对安全领域的投入和管理远远不能满足安全防范的要求。个人用户大多忙于用互联网学习、工作和娱乐等，对网络信息的安全性无暇顾及，安全意识相当淡薄。从总体上看，网络信息安全处于被动的封堵漏洞状态，从上到下普遍存在侥幸心理，没有形成主动防范、积极应对的全民意识，更无法从根本上提高网络监测、防护、响应、恢复和抗击能力。需要注意的是，对于计算机网络安全而言，如果个人安全意识淡薄，无论耗资多大，安全屏障体系都会形同虚设。例如，目前我国的防火墙开发与应用技术已经小有成绩，杀毒软件的发展也颇具规模，可以有效地控制进入与输出网络的信息包以及隐藏内部 IP 地址设置等，有利于防止外来不明入侵者。但是由于我国地区发展水平不均衡，许多地区的计算机配置相对落后，一些使用者为了加快计算机运行速度，经常将计算机防火墙与杀毒软件关闭，甚至不安装杀毒软件，这样原有的计算机防御体系直接处于无防可守的状态，大大增加了网络安全隐患。由此可见，个人安全意识的提升对于我国计算机网络安全整体质量的提升具有重要意义。

个人网络安全意识的淡薄是一个亟待解决的问题，同时又是需要长久关注、不断唤醒的过程。有些人有盲目乐观情绪，认为自身不是国家的重要军事部门，没有必要担心网络安全问题。还有人认为网络信息安全是国家专门机构的事，普通人无需担心，对此不屑一顾。其实，公众的信息安全意识是全社会信息安全的基础，应通过大力宣传提高全社会的信息安全意识，使人们认识到网络信息安全不是可有可无的事情，而是数字化安全生存的必要保证。

目前我国网络安全现状不容乐观，网络安全问题不仅对传统的国家安全体系提出了严峻的挑战，使国家政治、经济、文化、社会等方面的安全面临巨大的威胁，而且成为网络技术发展的瓶颈，阻碍网络应用在各个领域的纵深发展。面对这一现状，我们应当持正确的、辩证的态度，一方面不能因噎废食，拒绝先进的网络技术和文化，另一方面要对网络的安全威胁给予充分重视，政府积极支持网络安全技术的研究及网络安全产品的研发，网络使用者及网络服务提供者也应该充分认识到网络安全及网络管理的重要性，保护国家利益、企业利益、个人利益不受侵害。

2016 年是我国“十三五”开局之年，随着众多行业信息化的发展，网络安全产业必将迎来高速发展的黄金期。根据赛迪发布的统计数据，2015 年我国网络安全产业规模突破 550 亿元，增幅达到 30%。2016 年，我国网络安全产业发展将继续保持良好的势头，预计产业增长率保持在 28%，产业规模将达到 700 亿元。我国应把握网络安全产业发展机遇期，做好网络安全发展顶层设计、政策配套，做好各方面资源整合、机构推动、人才培养，通过政府、产业、高校及科研院所等的共同努力，推进我国网络安全产业实现快速健康发展。

第四章　网络安全建设的原则

任何国家在谋划网络安全建设时，都需要确立一些原则作为指导思想和实践准绳。党的十八大以来，习近平总书记在领导国家网络安全建设的实践中，运用马克思主义世界观和方法论，系统论述了网络安全建设的重大理论和现实问题，提出了一系列新思想、新观点、新论断，并根据国内外形势与互联网发展变化趋势提出了解决网络安全问题的新思路和新手段，从而形成了系统的网络安全观。新时期我国网络安全建设必须以习近平总书记提出的网络安全观为依据，确立国家网络安全建设的基本原则。

一、坚持全面系统推进管理体制建设的原则

在网络安全建设问题上，习近平总书记坚持全面系统的原则，运用统筹兼顾的方法搞建设。他强调："面对复杂严峻的网络安全形势，我们要保持清醒的头脑，各方面齐抓共管，切实维护网络安全。"[①] 他找准我国互联网安全建设的薄弱环节，抓住网络安全管理体制与实际需求不相适应这一主要矛盾，主张把推进网络安全管理体制建设作为网络安全建设的战略重点，从思想观念、法制建设、技术服务、人才培养、合作交流等各方面进行全面建设。这是我国网络安全建设的基本指导思想，也是必须坚持的总原则。

---

① 习近平．在网络安全和信息化工作座谈会上的讲话［M］．北京：人民出版社，2016：16.

（一）坚持全面系统推进管理体制建设原则的依据

1. 网络安全的地位决定了必须坚持全面系统推进管理体制建设的原则

习近平总书记把网络安全看作互联网时代国家安全的基础性内容，他在2014年2月召开的中央网络安全和信息化领导小组第一次会议上指出："网络安全和信息化是事关国家安全和国家发展、事关广大人民群众工作生活的重大战略问题"，"没有网络安全就没有国家安全，没有信息化就没有现代化"。习近平总书记认为必须坚持总体国家安全观，构建集政治安全、国土安全、军事安全、经济安全、文化安全、社会安全、科技安全、信息安全、生态安全、资源安全、核安全等于一体的国家安全体系，信息安全是其中重要内容之一。习近平总书记描绘的网络强国建设蓝图中，最终目标是技术先进、产业发达、攻防兼备、制网权尽在掌握、网络安全坚不可摧，可见网络安全在建设网络强国战略中的重要地位。因此，必须把网络安全建设放在国家安全大局之中，与建设网络强国战略的其他方面统筹安排、协同推进。

2. 网络安全的内容决定了必须坚持全面系统推进管理体制建设的原则

网络安全包括"七个安全"，即意识形态安全、数据安全、技术安全、应用安全、资本安全、渠道安全、关防安全。这些内容既涉及网络安全防护的目标对象，也反映维护网络安全的途径；既涉及政治、思想和法律层面，又涉及经济、技术和社会层面；既涉及党政机关，又涉及企事业单位、社会团体和个人。因此，必须统筹协调经济、政治、文化、科技、社会、军事、外交等各个方面，全面系统推进网络安全建设。

3. 网络安全的特点决定了必须坚持全面系统推进管理体制建设的原则

习近平总书记运用唯物辩证法精炼地总结了现代网络安全的特点，如"网络安全是整体的而不是割裂的""网络安全是动态的而不是静态的""网络安全是共同的而不是孤立的"。习近平总书记对这些特点的概括体现了他在网络安全建设上的系统观。维护网络安全必须加强全面建设，坚持齐头并进。维护网络安全的较量是国家综合实力的较量，是体系与体系的对抗，人才、技术、基础设施、管

理水平等哪一个方面落后于别国，安全系数就会降低。网络安全不仅服务人民，同时也依靠人民，维护网络安全是全社会共同的责任，需要政府、企业、社会组织和广大网民共同参与、共建队伍、共筑防线。因此，必须做好顶层设计，坚持中央层面权威性机构对网络安全建设的集中统一领导，确保国家网络安全建设健康发展。

（二）国际应用

1. 美国

美国政府历来注重网络安全治理顶层设计，将其纳入国家战略，同时从具体政策上予以支撑。从克林顿政府时期开始，网络空间安全的地位在美国的国家战略体系中不断提升，其分量不断加重，并成为核心国家战略。奥巴马政府在《2015 年国家安全战略》中陈述："作为互联网的诞生地，美国肩负着领导一个网络世界的特殊责任。繁荣与安全越来越依赖于一个开放的、可互操作的、安全的和可靠的互联网。"奥巴马政府在白宫设立了网络安全办公室与"网络安全协调官"，全面统筹国家网络安全相关事务，并不断强调网络安全的领导机制是集中与全面协调，坚持"从最高层实施领导"，通过国际合作解决网络安全所有领域的问题。[①] 2015 年 2 月，美国总统奥巴马下令成立新的网络安全机构——网络威胁与情报整合中心（Cyber Threat Intelligence Integration Center，CTIIC），该中心汇总整合联邦调查局（FBI）、中央情报局（CIA）及国家安全局（NSA）的情报，以提高应对网络威胁的能力。美国互联网安全治理体系的有效运行通过多元主体合作共治制度推进，政府、国会、法院、互联网企业、公民组织和互联网用户等主体基于公共利益、行业利益、个人利益时而对抗时而合作，相互之间的博弈与合作维持着互联网的有序发展与动态平衡。国家（政府、国会、法院）、市场（互联网企业）、社会（行业协会、公民组织、用户）在较为清晰的权力范围和责任边界内各司其职。政府负责互联网基础设施安全建设、安全形势评估，并负责依法管理网络安全建设；国会负责网络安全立法、公共政策审查；法院接受相关诉讼判定，确保互联网治理符合法治精神；互联网企业提供网络安全服

① 刘希慧．奥巴马政府的网络安全战略研究［D］．长沙：湖南师范大学，2014.

务，推动网络发展，以技术优势抵御权力掌控；用户要不断增强安全意识，遵守安全规则，并在使用中参与和推动国家网络安全建设。

2. 俄罗斯

俄罗斯非常注重网络安全的战略统筹和顶层设计。2013 年 1 月，俄罗斯总统普京签署总统令，责令俄联邦安全局完善国家计算机信息安全机制，建立由政府主导、科研以及商业机构广泛参与的安全防护体系，具体组织形式为：在俄罗斯联邦安全委员会建立的科学理事会下设信息安全分部，领导整个国家的信息安全保护工作；俄罗斯内务部特种技术手段局组建秘密部门——“K 部”（亦被外界称为网警），具体负责网络安全工作，接受网民关于不良网络信息及程序的举报；俄罗斯联邦中央及各地方的安全机构均设立相应的网络安全部门。

3. 日本

日本政府近年来不断完善网络安全管理体制。2014 年 11 月 6 日，日本颁布实施《网络安全基本法》。2015 年 1 月 9 日，日本内阁会议决定将统管行政机构的首相官邸秘书处作为“内阁网络安全中心”，赋予其法律权限，并将原有的“情报安全政策会议”升级为“网络安全战略本部”，与日本国家安全保障会议、IT 综合战略本部等其他相关机构加强合作。此外，日本还规定电力、金融等重要社会基础设施运营商、网络相关企业、地方自治体等都有配合网络安全相关举措或提供相关情报的义务。2015 年 5 月 25 日，由阁员组成的“网络安全战略本部”会议召开，制定了新的《网络安全战略》，新战略提出了“法治”“主动遏制恶意行为的自律性”“政府和民间多方面合作”等原则，并明确提出要积极参与制定网络空间的国际规范。

4. 欧盟

欧盟非常重视欧盟委员会自身在网络空间治理中的作用，提出了具有鲜明区域特色、体系完整的确保网络安全的战略规划。欧盟于 2013 年公布了首份网络安全战略文件《欧盟网络安全战略》。该战略与欧盟立法议案相统一，评估了欧洲面临的网络安全挑战，确立了网络安全指导原则，明确了各利益相关方的权利和责任，以及在维护网络安全过程中的角色。该战略还对如何预防和应对网络中断和袭击提出整体性规划，旨在构建一个“公开、自由、安全”的网络空间。欧盟要求各成员国制定相应的战略，成立专门机构以预防和处理网络安全风险和事故。如法国于 2014 年 5 月 12 日将中央国内情报局正式更名为法国国内情报总局，直接隶属于法国内政部。

以上各方坚持全面系统推进各自的网络安全管理体制建设，注重从顶层设计上制定网络安全战略，加速网络安全新政落地，加快网络空间战略调整，在维护信息安全、净化网络环境等方面重拳出击，取得了一定成效，值得借鉴。

（三）实践探索

党的十八大以来，以习近平总书记提出的网络安全观为指导，我国已经把网络安全上升为国家安全的重要内容，在网络安全建设中坚持全面系统推进管理体制建设的原则，顶层设计日臻完善。2013 年 11 月，党的十八届三中全会通过的《中共中央关于全面深化改革若干重大问题的决定》（以下简称《决定》）中强调要“加快完善互联网管理领导体制，确保国家网络和信息安全”。提出这样的要求，足以看出党中央对网络安全管理体制建设的重视。面对互联网技术和应用水平的飞速发展，原有管理体制中多头管理、职能交叉、权责不一、效率不高的弊端愈加凸显。同时，随着互联网作为媒体工具的属性越来越强，网络媒体和产业管理已经远远跟不上形势的发展变化，特别是那些传播快、影响大、覆盖广、社会动员能力强的微博、微信等社交网络和即时通信工具用户快速增长，如何加强网络法制建设和舆论引导，确保网络信息传播秩序和国家安全、社会稳定，已经成为摆在我们面前的突出问题。习近平总书记在向全会作的关于《决定》的说明中以专节讨论了“加快完善互联网管理领导体制”问题：之所以提出要完善互联网管理领导体制，目的是整合相关机构职能，形成从技术到内容、从日常安全到打击犯罪的互联网管理合力，确保网络正确运用和安全。

在党的十八届三中全会精神的指引下，由习近平总书记任领导小组组长的中央网络安全和信息化领导小组于 2014 年 2 月正式成立，成员包括党、政、军各主要领域和部门的领导同志。领导小组的成立为网络安全体制机制建设做好了顶层设计。习近平总书记指出：“成立中央网络安全和信息化领导小组，就是要在中央层面设立一个更强有力、更有权威性的机构，实现集中统一领导，切实解决‘有机构、缺统筹，有发展、缺战略，有规模、缺安全’的问题，确保国家网络安全和信息化健康发展”，“目的是整合相关机构职能，形成从技术到内容、从日常安全到打击犯罪的互联网管理合力，确保网络正确运用和安全”。他强调：“领导小组要发挥集中统一领导作用，在关键问题、复杂问题、难点问题上起拍板、督促、指导作用，统筹协调涉及经济、政治、文化、社会、军事等各个领域的网络安全和信息化重大问题。”中央网络安全和信息化领导小组下设办公室，负责贯彻落实领导小组作出的决定事项和部署要求，汇总各地区各部门网络安全信息、信息化建设情况，及时向领导小组和党中央汇报。各成员单位要同中央网信办建立工作机制，落实领导小组部署的要求。随后，各地、各行业纷纷建立维护网络信息安全的工作机制和相关制度。中央网络安全和信息化领导小组及其办公室的成立，把多头管理变成一头管理，把职能交叉变成职能集中，把权责不分变成权责分明，把效率不高变成效率很高，从而有效解决了网络管理体制机制存在的“九龙治水”问题。

在党中央的重视和领导下，我国将继续坚持全面系统推进管理体制建设的总原则，进一步完善党委主抓、政府监管、法律规范、行业自律、技术保障、公众监督、社会教育相结合的一整套确保互联网高效安全运行的体制机制，不断提升网络安全保障能力。

二、坚持网络安全与信息化同步推进的原则

长期以来，在网络安全与信息化发展的关系问题上存在一些争论和模糊认识，尚需统一思想。要发展还是要安全？习近平总书记明确回应：“网络安全和信息化是一体之两翼、驱动之双轮”，“网络安全和信息化是相辅相成的。安全是发展的前提，发展是安全的保障，安全和发展要同步推进”。[①] 习近平总书记对这个问题的深刻阐述廓清了过去对于安全和发展问题存在的模糊认识。安全和发展是对立统一的关系。安全是前提，健康的发展应该包括安全的发展，安全保证了发展的成果；发展是主题，有了发展才能为安全提供更好的条件。两者关系把握得好，就能互相拉动，协调前进；处理不好，就会相互制约，成为瓶颈。习近平总书记要求“要正确处理发展和安全的关系，以安全保发展、以发展促安全，

① 习近平．在网络安全和信息化工作座谈会上的讲话［M］．北京：人民出版社，2016：10.

努力建久安之势，成长治之业。”这一要求充分体现了唯物主义的辩证法，体现了科学的发展理念。因此，网络安全和信息化必须统一谋划、统一部署、统一推进、统一实施，做到协调一致、齐头并进，哪个也不能偏废。中国互联网协会理事长、中国工程院院士邬贺铨认为：“我们既不能目光短浅，盲目追求信息化发展速度的规模扩张而忽视新技术新业态带来的安全隐患，以网络安全失控为代价换取一时的发展，也不能因噎废食，为了谋求安全而放弃发展，失去因与威胁对抗而自我壮大的机会。”[①] 我国的网络安全建设，必须坚持网络安全与信息化同步推进的原则，以安全保发展，以发展促安全。

（一）安全是发展的前提，坚持以网络安全保信息化发展

科技发展是一把“双刃剑”，一方面可以造福社会、造福人民，另一方面也可能被用来损害社会公共利益和民众利益，成为安全隐患。随着信息化的迅速发展，网络安全的内涵、形式和重点都在演变。各行各业对互联网的依赖越来越强，网络安全在保护范围上从物理层、信息内容层扩展到控制决策层，在时间上从被动的事后审计提前到事中防护和主动的事前监控，在措施上从技术防护扩展到管理保障，社会对网络安全的认识开始上升到纵深防御体系。网络安全小到个人电脑被入侵，大到企业生产系统瘫痪、城乡基础设施故障、国家重要信息系统破坏和国防系统漏洞，影响无所不在。随着应用技术向移动互联网、物联网、产业互联网、云计算和大数据发展，网络安全问题也呈现出五个方面的新趋势，分别是：新兴智能设备成为漏洞威胁的频发地；互联网金融成为网络攻击的新靶场；移动互联网成为网络攻击的重灾区；云服务成为网络攻击的新高地；企业工控系统成为网络攻击的新战场。[②]面对复杂严峻的网络安全形势，要保持清醒的头脑，高度重视网络安全问题，坚持以网络安全保信息化发展。

安全是发展的前提，是信息化发展的生命线。从成本论的角度来看，由于安全工作在客观上是一个解决潜在危机的工作，安全效果难以提供业务增值而常常表现为“损失的减小”，安全成绩总是成为成本而不是收益和利润，因此机构决策者和用户对于安全工作常常伴有天然的厌恶感，力图回避、推脱、拖延、转嫁

---

①② 邬贺铨．建久安之势 成长治之业 [J]．中国信息化，2015，11（11）：8－9.

等。与安全工作更多的是保障，是未雨绸缪，是“隐患限于明火”，是“责任重于泰山”等特征有所不同，信息化工作有很多是发展性的工作，是容易看到成绩的、容易调度市场资源的，因此也会较多地借助市场机制，遵循发展规律。因此，实现安全与发展的齐头并进，要求我们必须在战略布局、政策倾斜、资源配给、宣贯力度、合规性要求、优先级排列等方面突出安全的前提和基础性地位，绝不能牺牲安全，盲目追求发展。

（二）发展是安全的保障，坚持以信息化发展促网络安全

网络安全是信息化进程中出现的新问题，只能在发展的过程中用发展的方式解决。习近平总书记强调网络安全“是动态的而不是静态的”“是相对的而不是绝对的”等特点，深刻地揭示了必须以发展的眼光看待网络安全，以发展的方式保障网络安全。从世界范围看，网络安全威胁和风险日益突出，并向政治、经济、文化、社会、生态、国防等领域传导渗透。特别是国家关键信息基础设施面临较大的风险隐患，网络安全防控能力薄弱，难以有效应对国家级、有组织的高强度网络攻击。这对世界各国都是一个难题，我国当然也不例外。随着信息技术发展快速推进，过去分散独立的网络变得高度关联、相互依赖，网络安全的威胁来源和攻击手段不断变化，以前依靠安装安全设备和安全软件就想永保安全的想法已不合时宜，需要树立动态、综合的防护理念。过去那种简单地通过不上网、不共享、不互联互通来保安全，或者片面强调建专网来追求所谓的“永久安全”“绝对安全”的做法，其结果就是不必要的重复建设，有限的网络资源得不到充分利用，增加信息化成本，降低信息化效益，失去发展机遇。这种“懒政”思维必须破除。

面对网络安全新挑战，大力促进我国自主可控的网络安全产业发展是关键举措和必然选择。作为发展中国家，我国信息产业在短时间内完全改变技术受制于人的不利局面存在诸多困难，但必须认清，我们面对新一轮信息技术变革的浪潮，移动互联网、云计算、大数据、智能终端兴起，既面临网络安全的巨大挑战，也面临新的发展机遇。在新的工业革命发展的关键时期，我们要靠更有远见、更加扎实的举措，在信息化不断发展中形成维护网络安全的新思路、新方法、新举措、新本领，才能真正实现网络安全和信息化的同步健康发展。根据习近平总书记有关重要论述，当前应优先通过网络安全产业发展提升以下几个方面

的能力。

1. 通过发展关键信息基础设施增强安全保障能力

我国《国家安全法》第二十五条规定："实现网络和信息核心技术、关键基础设施和重要领域信息系统及数据的安全可控。"金融、能源、电力、通信、交通等领域的关键信息基础设施是经济社会运行的神经中枢，是网络安全的重中之重，也是可能遭到攻击的重点目标。"物理隔离"防线可被跨网入侵，电力调配指令可被恶意篡改，金融交易信息可被窃取，这些都是重大风险隐患。不出问题则已，一出就可能导致交通中断、金融紊乱、电力瘫痪等问题，具有很大的破坏性和杀伤力。因此，免于"受制于人"的信息核心技术自主可控就显得尤为重要。虽然自主可控尚不能与安全划完全的等号，但它是网络安全的必要条件。如果核心关键技术和基础设施均"受制于人"，由此构成的信息系统就像建筑物失去了根基，一旦遭到攻击，顷刻间便会土崩瓦解。因此，必须深入研究，采取有效措施，切实做好国家关键信息基础设施安全防护。

2. 通过发展全天候全方位感知网络安全态势体系增强风险防范能力

知己知彼，才能百战不殆。没有意识到风险是最大的风险。网络安全具有很强的隐蔽性，一个技术漏洞、安全风险可能隐藏几年都发现不了，结果是"谁进来了不知道、是敌是友不知道、干了什么不知道"，长期"潜伏"其中，一旦有机会就发作了。维护网络安全，首先要知道风险在哪里，是什么样的风险，什么时候发生风险，正所谓"聪者听于无声，明者见于未形"。要清醒地认识面临的威胁，弄清哪些是潜在的，哪些是现实的；哪些可能变成真正的攻击，哪些可以通过政治、经济等手段予以化解；哪些需要密切监视防患于未然，哪些必须全力予以打击；哪些可能造成不可弥补的损失，哪些损失可以容忍，减少不计成本的过度防范。解决这些问题，必须发展全天候全方位感知网络安全态势体系。要全面加强网络安全检查，摸清家底，认清风险，找出漏洞，通报结果，督促整改。要建立统一高效的网络安全风险报告机制、情报共享机制、研判处置机制，准确把握网络安全风险发生的规律、动向、趋势。要建立政府和企业网络安全信息共享机制，把企业掌握的大量网络安全信息利用起来，龙头企业要带头参加这个机制。要建立网络安全审查制度，明确规定外国企业重点产品和服务进入我国市场必须经过安全检测，服从我国法律规定，提前告知产品和服务的“后门”和安全漏洞。

3. 通过发展网络对抗体系增强安全防御和威慑能力

网络安全的本质在于对抗，对抗的本质在于攻防两端能力的较量。要落实网络安全责任制，制定网络安全标准，明确保护对象、保护层级、保护措施。哪些方面要重兵把守、严防死守，哪些方面由地方政府保障、适度防范，哪些方面由市场力量防护，都要清清楚楚。攻防力量要对等，要以技术对技术，以技术管技术，做到魔高一尺、道高一丈。要充分认识大国网络安全博弈不仅是技术博弈，还是理念博弈、话语权博弈，通过扩大国际话语权牢牢掌握网络空间制网权，增强安全防御能力和威慑能力。

三、坚持核心技术与安全文化“两手抓”的原则

核心技术是网络安全最大的“命门”，核心技术受制于人永远是最大的网络安全隐患。如果信息核心关键技术和基础设施受制于人，由此构成的信息系统则毫无安全可言。同时，网络安全建设并不局限于技术层面，也涉及网络立法建设、网络安全学科发展、公民网络安全意识培养等文化层面。只有从战略高度重视网络安全，一手抓网络安全的核心技术突破，一手抓网络安全文化建设，“两手抓，两手都要硬”，网络安全才能真正实现。

（一）尽快在核心技术上取得突破

20 多年来，我国互联网发展取得了显著成就，其中包括技术方面的成就。2015 年底，在世界互联网企业前 10 强中，我国占了 4 席。但同世界先进水平相比，同建设网络强国的战略目标相比，差距还很大，尤其是在互联网创新能力、基础设施建设、信息资源共享、产业实力等方面还存在不小的差距，其中最大的差距在核心技术上。尽快在核心技术上取得突破是网络安全建设的关键所在。习近平总书记强调：“我们要掌握我国互联网发展主动权，保障互联网安全、国家

安全，就必须突破核心技术这个难题，争取在某些领域、某些方面实现‘弯道超车’。”[①] 在互联网核心技术领域，如果有决心、有恒心、有重心，能够超前部署、集中攻关，很有可能实现从跟跑并跑到并跑领跑的转变。习近平总书记说，我国信息技术产业体系相对完善、基础较好，在一些领域已经接近或达到世界先进水平，市场空间很大，有条件、有能力在核心技术上取得更大进步，关键是要理清思路、脚踏实地去干。在实践中要注意把握以下几个方面。

1. 正确处理开放和自主的关系

互联网让世界变成了地球村，推动国际社会越来越成为你中有我、我中有你的命运共同体。如果认为互联网很复杂、很难治理，不如一封了之、一关了之，这种说法不仅不正确，也不是解决问题的办法。要警惕在技术发展上的两种片面观点：一种观点认为，要关起门来，另起炉灶，彻底摆脱对外国技术的依赖，靠自主创新谋发展，否则总跟在别人后面跑，永远追不上。另一种观点认为，要开放创新，站在巨人肩膀上发展自己的技术，不然也追不上。这两种观点虽都有一定道理，但也都过于绝对，没有辩证地看待问题。一方面，核心技术是国之重器，最关键、最核心的技术要立足自主创新、自立自强。市场换不来核心技术，核心技术也买不来，必须靠自己研发、自己发展。另一方面，强调自主创新，不是关起门来搞研发，一定要坚持开放创新，只有跟高手过招才知道差距，不能夜郎自大。我们不拒绝任何新技术，新技术是人类文明发展的成果，只要有利于提高我国社会生产力水平、有利于改善人民生活，我们都不拒绝。问题是要搞清楚哪些是可以引进但必须安全可控的，哪些是可以引进消化吸收再创新的，哪些是可以同别人合作开发的，哪些是必须依靠自己的力量自主创新的。核心技术的根源问题是基础研究，基础研究搞不好，应用技术就会成为无源之水、无本之木。

2. 在科研投入上集中力量办大事

在核心技术研发上投入很多但效果却不很明显，主要原因可能是好钢没有用在刀刃上。要围绕国家亟须突破的核心技术，把拳头攥紧，坚持不懈地做下去。要坚定不移地实施创新驱动发展战略，把更多的人力、物力、财力投向核心技术

---

① 习近平．在网络安全和信息化工作座谈会上的讲话［M］．北京：人民出版社，2016：10.

研发，集合精锐力量，作出战略性安排。要制定信息领域核心技术设备发展战略纲要，制定路线图、时间表、任务书，明确近期、中期、远期目标，遵循技术规律，分梯次、分门类、分阶段推进，咬定青山不放松。要发扬“两弹一星”精神，对关键性、战略性的重大科技，舍得花本钱，加大投入，确保5～10年内在芯片、操作系统、数据库、云计算、信息资源库等方面取得突破，推出一批重大研究成果。

3. 积极推动核心技术成果转化

技术要发展，必须要应用。在全球信息领域，创新链、产业链、价值链整合能力越来越成为决定成败的关键。核心技术研发的最终结果不应只是技术报告、科研论文、实验室样品，而应是市场产品、技术实力、产业实力。核心技术脱离了产业链、价值链、生态系统，上下游不衔接，就可能白忙一场。科研和经济不能搞成“两张皮”，要着力推进核心技术成果转化和产业化。要立足于我国国情，面向世界科技前沿，面向国家重大需求，面向国民经济主战场，大力推进国产替代计划。各级党政军部门要带头使用经过一定范围论证的国产核心技术产品。拥有自主知识产权的新技术、新产品在应用中出现一些问题是正常的，可以在应用的过程中继续改进，不断提高质量。

（二）发展健康向上的网络安全文化

习近平总书记在第二届世界互联网大会上提出了全球互联网治理体系变革的“四项原则”和“五点主张”，为构建全人类网络空间共同体贡献了中国思路，为解决网络安全问题提供了中国方案，充分体现了我们党的道路自信、理论自信、制度自信、文化自信。习近平总书记强调：“文化自信，是更基础、更广泛、更深厚的自信。”[①] 问题的解决往往不在问题发生的层面，而在与之相邻的更高层面。网络安全问题看似是技术问题，但在实施网络强国战略视域下的网络安全建设，不仅要在技术层面抓好核心技术突破，还必须在文化层面上抓好包含法规建设、学科建设、公民安全意识培养等内容的网络安全文化建设。

① 习近平．在庆祝中国共产党成立95周年大会上的讲话［N］．人民日报，2016-07-02（2）．

1. 加快网络安全立法

依法治网是依法治国理念在网络管理领域的具体体现，网络安全立法是发展网络安全文化的出发点。从网络安全建设的全球治理经验来看，面对日渐严峻的网络威胁，世界各国都在紧锣密鼓地推进网络安全制度建设，美、日、欧等各自都有新策略。2014 年 12 月，奥巴马签署了包括《2014 年国家网络安全保护法》在内的 4 个法案，以加强美国网络安全和抵御网络攻击的能力；2015 年年初，美国众议院通过《网络情报共享和保护法案》，推动网络信息在公司和政府之间的共享，意在辅助美国政府对网络威胁进行提前防控。2016 年 4 月，欧洲议会通过了最新的《数据保护法》，用以保护消费者的数据和隐私。2014 年 11 月，日本国会众议院全体会议通过了《网络安全基本法》，旨在加强日本政府与民间在网络安全领域的协调和运作，更好地应对网络攻击。2016 年 7 月，欧盟立法机构正式通过首部网络安全法《网络与信息系统安全指令》，旨在加强基础服务运营者、数字服务提供者的网络与信息系统安全，要求这两者履行网络风险管理、网络安全事故应对与通知等义务。此外，该法要求成员国制定网络安全国家战略，要求加强成员国间合作与国际合作，要求在网络安全技术研发方面加大资金投入与支持力度。

从我国的网络立法实践来看，党的十八大以来，我国高度重视网络安全立法工作，不断推进依法治网。2013 年 10 月通过的《中共中央关于全面深化改革若干重大问题的决定》指出："坚持积极利用、科学发展、依法管理、确保安全的方针，加大依法管理网络力度，加快完善互联网管理领导体制，确保国家网络和信息安全。"2014 年 10 月审议通过的《中共中央关于全面推进依法治国若干重大问题的决定》进一步明确指出："加强互联网领域立法，完善网络信息服务、网络安全保护、网络社会管理等方面的法律法规，依法规范网络行为。"习近平总书记在第二届世界互联网大会上提出："要坚持依法治网、依法办网、依法上网，让互联网在法治轨道上健康运行。"过去几年，一些政府部门在信息安全管理方面出台了不少规定、规章，但是网络安全管理涉及多方面的责权关系，需要从国家层面统一立法、整体管理。2015 年 6 月，全国人大常委会初次审议了《中华人民共和国网络安全法（草案）》（以下简称草案），这标志着我国网络安全立法工作取得重大进展。草案共 7 章 68 条，从保障网络产品和服务安全、保障网络运行安全、保障网络数据安全、保障网络信息安全等方面进行了具体的制度设计。草案在中国人大网公布，向社会公开征求意见。之后，根据全国人大常委会组成人员和各方面的意见，对草案作了修改，形成了《中华人民共和国网络安全法（草案二次审议稿）》。草案二审稿进一步强化国家的责任和公民、组织的义务，明确加强关键信息基础设施保护，协同推进网络安全与发展，切实维护国家网络主权、安全和发展利益。2016 年 6 月，十二届全国人大常委会第二十一次会议听取了关于网络安全法草案修改情况的汇报，并已于 2016 年 8 月完成意见征集。2016 年 11 月，十二届全国人大常委会第二十四次会议表决通过了《中华人民共和国网络安全法》，该法将于 2017 年 6 月 1 日起施行。这既是我国推进依法治网、发展网络安全文化的里程碑事件，也是世界互联网治理体系变革中一个不可或缺的组成部分。

2. 建设网络安全学科

加强网络安全学科建设是网络安全文化建设的基础性工程。世界发达国家均高度重视网络安全学科建设，如英国将高端研究机构和学科建设视为重中之重，将网络安全纳入计算机科学和学位管理，在保持技术领先方面占得先机。英国情报机构政府通讯总部于 2014 年授权 6 所英国大学提供训练未来网络安全专家的硕士文凭，创建了 2 个新的网络安全专业的博士培训中心和数个专业研究所。2015 年，英国又按照国家网络安全计划推出“网络安全学徒计划”项目，鼓励更多的青年网络人才加入网络安全事业。

我国教育部门自 2005 年起就着手加强信息安全学科和专业建设，教育部对提升人才教育培训水平作了大量部署。截至 2014 年年末，教育部批准全国共 116 所高校设立信息安全类相关本科专业，其中信息安全专业 87 个，信息对抗专业 17 个，保密管理专业 12 个，每年培养信息安全类专业本科毕业生约 1 万人。2015 年 6 月，国务院学位委员会、教育部联合印发“关于增设网络空间安全一级学科的通知”（学位〔2015〕11 号），标志着网络空间安全正式设立为一级学科。

3. 增强公民安全意识

网络安全的主体是网民，增强公民网络安全意识是网络安全文化建设的重要

方面。网络安全对于普通公民的要求是：提高网络安全意识，明确网络行为规则，自觉遵守网络安全法规，坚持安全上网、依法上网、文明上网。近年来，我国借鉴国外先进经验，不断推进网络安全宣传、普及、教育等群众性法制文化活动，取得了良好的成效。2014 年 11 月，国家互联网信息办公室会同中央机构编制委员会办公室等 8 个部门联合举办"首届国家网络安全宣传周"活动，在"共建网络安全，共享网络文明"主题下，通过 7 个主题宣传日、网络安全公众体验展、公益短片展映、网络安全专家 30 谈、网络安全知识竞赛、网络安全大讲堂、网络安全知识进万家等多种活动开展网络安全知识普及教育。2015 年 6 月 1 日，第二届国家网络安全宣传周开办，旨在积极引导未成年人自觉做有高度安全意识、有文明网络素养、有守法行为、有必备防护技能的"中国好网民"。相关省区积极参与并配合开展了多项主题宣传和教育活动。2016 年 9 月 19 日至 25 日，第三届国家网络安全周全面展开，号召全体网民广泛参与，增强网络安全意识，普及网络安全知识，并提出了"网络安全为人民，网络安全靠人民"的口号。近年来，地方政府也积极开展网络安全宣传活动，如北京市政府将每年 4 月 29 日设为"首都网络安全日"，以"网络安全同担、网络生活共享"为主题举办系列活动，提高首都各界群众和网民的网络安全意识，增强市民网络安全责任。上海市连续举办了四届"信息安全活动周"，以加快推进全民网络安全意识教育。

四、坚持主权为先、安全为重的多国共建原则

习近平总书记指出："网络空间是人类共同的活动空间，网络空间前途命运应由世界各国共同掌握。各国应该加强沟通、扩大共识、深化合作，共同构建网络空间命运共同体。"① 各国应本着相互尊重和相互信任的原则，建立多边、民主、透明的国际网络安全治理体系。但是互联网发展不平衡、规则不健全、秩序不合理的现状又使得一些国家借安全合作之名行网络霸权之实有了可乘之机。无视他国网络主权的行为已经成为全球互联网治理体系变革的最大障碍，成为全球网络空间命运共同体最大的安全隐患。构建网络空间命运共同体，应坚持主权为

① 习近平．在第二届世界互联网大会开幕式上的讲话［EB/OL］．(2015 - 12 - 17)［2016 - 08 - 10］. http://news. xinhuanet. com/zgjx/2015 - 12/17/c_134925295. htm.

先、安全为重的原则。

（一）多国共建模式是网络安全建设的必然选择

网络安全建设的多国共建模式是基于网络安全开放性特点的必然选择。习近平总书记认为："网络安全是开放的而不是封闭的。只有立足开放环境，加强对外交流、合作、互动、博弈，吸收先进技术，网络安全水平才会不断提高。"① 全球互联网是一个互联互通的网络空间，网络的开放性必然带来网络的脆弱性。网络信息跨国界流动，网络安全问题已经成为各国普遍关切的综合安全挑战。网络安全防范与应对需要各国的共同努力，应按照相互尊重、平等相待、互利共赢原则，共同开展涉及网络安全审查、网络安全技术和标准研究、打击非法网络行为和网络犯罪、信息自由与知识产权保护、网络空间行为准则制定等相关事项高级别联合对话与合作，形成维护和平、安全、开放、合作的网络空间命运共同体。

2014 年 7 月，习近平总书记在巴西国会的演讲系统全面地提出国际社会共同维护网络安全，共建国际互联网治理体系的网络安全哲学理念。他指出："国际社会要本着相互尊重和相互信任的原则，通过积极有效的国际合作，共同构建和平、安全、开放、合作的网络空间，建立多边、民主、透明的国际互联网治理体系。"② 习近平总书记的安全合作倡议不仅顺应了国际呼声，而且鲜明地表达了中国政府坚决维护互联网安全的信心和决心。要坚持"共同、综合、合作、可持续"的安全观，团结世界各种和平力量，努力建设和平、安全、开放、合作的互联网空间，积极探索互联网空间长治久安之道。在第二届世界互联网大会上，习近平总书记又进一步提出了"促进开放合作"的原则。他指出，完善全球互联网治理体系，维护网络空间秩序，必须坚持同舟共济、互信互利的理念，摒弃零和博弈、赢者通吃的旧观念。各国应该推进互联网领域开放合作，丰富开放内涵，提高开放水平，搭建更多的沟通合作平台，创造更多的利益契合点、合作增长点、共赢新亮点，推动彼此在网络空间优势互补、共同发展，让更多国家和人民搭乘信息时代的快车、共享互联网发展成果。习近平总书记的这些主张顺应了

① 习近平．在网络安全和信息化工作座谈会上的讲话［M］．北京：人民出版社，2016：16.
② 习近平．弘扬传统友好 共谱合作新篇——在巴西国会的演讲［EB/OL］．（2014-07-17）［2016-08-10］．http://news.xinhuanet.com/world/2014-07/17/c_1111665403.htm.

时代潮流，为构建全人类网络空间共同体贡献了中国的思想理念，具有强烈的现实意义和深远的历史意义，赢得广泛认可。

网络安全的多国共建合作模式在国际政治和外交议程中的重要作用日益凸显，双边网络安全合作、区域网络安全合作和多边合作日益紧密且多元化。美国政府近年来不断强化在网络空间安全建设方面加强国际合作。在美国政府2011年5月出台的首份《网络空间国际战略报告》（以下简称《报告》）中，国际合作是贯彻所有领域的“主线”。《报告》提出，要在21世纪努力维持现有合作精神和集体责任下和平可靠的未来网络空间。为加强国际网络合作，美国还提出通过外交手段加强伙伴关系和提高积极性，采取坦诚和迫切的对话方式进行交流，力争就“负责任的网络行为准则”和“开放、兼容、安全、可靠”的网络空间内在价值达成共识。

尽管面临许多困难和分歧，但中美两国网络安全建设领域的合作却展现出值得期待的前景。2011年8月，美国警方与中国公安部联合摧毁了中文淫秽色情网站联盟——“阳光娱乐联盟”。2013年7月8日，中美举行了第一次网络安全工作组会议。近年来，美国官方和民间数次炒作所谓中国黑客话题，借机渲染“中国威胁论”。网络安全领域日益成为中美关系中最突出的矛盾之一。从维护中美关系大局考虑，2015年9月9日至12日，习近平主席特使、中央政法委书记孟建柱率中国公安、安全、司法、网信等部门有关负责人访问美国，同美国国务卿克里、国土安全部部长约翰逊和总统国家安全事务助理赖斯等就开展有关网络安全的对话与合作举行会谈。2015年9月22日至25日，习近平主席对美国进行国事访问期间，中美双方同意建立两国打击网络犯罪及相关事项高级别联合对话机制。2015年12月1日，中国公安部部长郭声琨与美国司法部部长林奇、美国国土安全部部长约翰逊共同主持首次中美打击网络犯罪及相关事项高级别联合对话，双方达成《打击网络犯罪及相关事项指导原则》，决定建立热线机制，在网络安全个案、网络反恐合作、执法培训等方面取得积极成果。根据中美双方在2015年9月习近平主席访美期间达成的网络安全重要共识，中美网络空间国际规则高级别专家组首次会议于2016年5月11日在华盛顿举行，深化了中美网络执法机关互访对话，在案件协查等方面展开了多层次执法合作，中美网络安全执法合作进入一个新的发展阶段。双方积极、深入、建设性地讨论了网络空间国际规则问题，包括国家行为规范以及与网络空间有关的国际法和信任措施。

（二）主权为先、安全为重是网络安全多国共建的前提和基础

主权是一个国家拥有的独立处理其内外事务的最高权力。拥有完整主权的国家是现代国际关系的主体。国家不论大小强弱，主权一律平等，是《联合国宪章》确立的处理国与国关系的基本准则之一，适用于国家与国家之间交往的各个领域。20 世纪 80 年代以来，人类文明发展发生了革命性变化，互联网的开发与应用开辟了国与国之间交往的新渠道、新途径，使国与国之间的联系向更深层次发展，对于国际关系的良性发展发挥了积极作用。网络空间集虚拟、现实于一体，无论是网络基础设施的建设、运营和管理，还是网络空间的政府、企业、社会组织、网民等行为主体，都是活生生的、属于某一国家的真实存在，因此“网络主权”自然也成为一个国家在网络空间理应拥有的不可侵犯的主权，是国家主权在虚拟空间的自然延伸。尊重网络主权是尊重国家主权的应有之义，这与当年我国在万隆会议上首倡的“和平共处”五项原则的精神实质是一脉相承的。一个国家网络主权的基本内涵与一般意义上的国家主权是完全相通的。互联网的运营管理同样存在国别之分，网络空间中国与国之间存在着虽触摸不到却真实存在的界限。在可预见的未来，国家仍将是全球网络空间治理的主体。习近平总书记指出，虽然互联网具有高度全球化的特征，但每一个国家在信息领域的主权权益都不应受到侵犯，互联网技术再发展也不能侵犯他国的信息主权。

网络主权与网络安全相辅相成、紧密联系。一方面，承认网络主权是实现网络安全的基础。从国家层面而言，网络主权是一国依据本国实际情况制定网络法规的理论基础，是国家实施网络空间司法管辖权的理论基础，也是国家行使网络自卫权的理论基础；从国际层面而言，网络主权是制定网络安全国际法规范的基础，是网络安全国际合作的基础，也是政府间国际组织主导网络安全国际治理的基础。另一方面，实现网络安全是维护网络主权的保障。网络安全是国家安全的重要组成部分，网络安全也是维护网络主权完整的前提，是有效行使网络主权的现实基础。正是因为考虑到全球互联网领域发展不平衡、规则不健全、秩序不合理等问题日益凸显的现状，习近平总书记一方面主张加强国际合作、共同治理、共建国际互联网新秩序，另一方面也多次强调网络主权为先是我国维护国家安全和利益、参与网络国际治理与合作所坚持的重要原则。在第二届世界互联网大会上，习近平总书记强调推进全球互联网治理体系变革，应该坚持尊重网络主权的

原则。他说：“《联合国宪章》确立的主权平等原则是当代国际关系的基本准则，覆盖国与国交往各个领域，其原则和精神也应该适用于网络空间。我们应该尊重各国自主选择网络发展道路、网络管理模式、互联网公共政策和平等参与国际网络空间治理的权利，不搞网络霸权，不干涉他国内政，不从事、纵容或支持危害他国国家安全的网络活动。”

尊重网络主权是世界各国政府的内在需要。推行网络主权原则的基础，即以国家为主体的网络治理已初具规模，为构建国际网络治理体系夯实基础。各国网络安全与国家安全关系密切，以国家为单位的网络治理模式已成事实，为建立全球范围的治理体系打好了基础。无论承认网络主权原则与否，各国都在积极独立自主地推进本国的网络安全管理和建设，提出新的网络安全战略，确保本国的网络安全。例如，2014 年 11 月，日本国会颁布《网络安全基本法》，强调加强政府与民间在网络安全领域的合作，提高协同抵御网络威胁的能力；在遭受系列恐怖袭击之后，法国政府于 2015 年出台政策加强了网络监听、监控，关停恐怖分子网站，招募网络反恐队员，提高应对突发事件的能力；美国把网络安全纳入国土安全管理范畴，相继出台一系列法律法规，突出地体现了网络主权。许多国家越来越清晰地认识到，坚持网络主权在先原则，政府可以更好地行使在本国范围的网络管辖权，能够灵活处理本国网络事务，包括建设网络基础设施、保持网络生态环境清朗、遏制网络犯罪问题等，不仅对一国的互联网发展大有好处，也是应对现代网络安全问题的主要途径。

尊重网络主权是反对网络霸权的必然要求。当前一些国家和组织无视他国网络主权的行为，本质上是现实世界霸权主义行径在网络空间的投射与反映，是“冷战”思维的新变种，已经成为全球互联网治理体系变革的最大障碍。2013 年美国政府公开宣称，对美国实施网络攻击将被视为战争行为并予以武力还击。美国对他国实施网络攻击、网络监听，声称“网络自由”“信息共享”，而美国网络被攻击则被视为“发动战争”，这是美国双重标准的网络主权观，其实质是网络霸权。对于这种只要自己的主权、无视他国的主权，只要自己的安全、无视他国安全的强权行径，国际社会强烈愤慨，普遍呼吁尊重网络主权、反对网络霸权。

尊重网络主权是维护和平安全的重要保证。一个安全稳定繁荣的网络空间对各国乃至世界都具有重要意义。网络安全是全球性挑战，包括中国、俄罗斯甚至欧盟国家在内的很多国家都是网络恐怖主义、网络监听、网络攻击、网络窃密的受害国。维护网络安全不应有双重标准。只有尊重网络主权，携手合作、共同应对，反对网络监听、网络攻击、网络空间军备竞赛，才能切实维护网络空间和平安全。

尊重网络主权是坚持开放合作的基本前提。让各国人民特别是广大发展中国家的人民共享互联网发展成果，是推进全球互联网治理体系变革的根本目的。各国在谋求自身发展的同时，应当积极推进互联网领域开放合作。只有尊重网络主权，坚持同舟共济、互信互利的合作理念，各国才能在网络空间实现优势互补、共同发展，才能让更多国家和人民共享互联网发展的成果。尊重和维护网络主权不应成为虚话，尤其要通过制定完善相关法律法规，设计和构建合理化机制，确保各国在网络空间治理方面拥有平等参与的权利，并为信息化欠发达国家创造参与条件，使其具备维护自身网络主权的基本条件。

第五章　网络安全建设的重点目标

随着网络信息技术在经济、政治、文化、社会、军事等领域的广泛应用，互联网的发展已经超出物理范畴，渗透国民经济和社会生活的方方面面，网络安全建设已成为涉及社会各个领域的复杂的系统工程。在这种背景下推进网络安全建设，不仅要对整个工程进行整体规划和统筹安排，还要选择重点目标进行重点突破，以点带面，进而带动整个网络安全建设工程的整体推进。网络安全建设重点目标的选择，一方面要考虑不同环节、不同部分和不同领域内容与网络安全整体的相关度，另一方面要考虑提升网络信息化对于国家整体发展的作用，突出网络安全领域事关国计民生的内容和部分。按照这一原则，将以下六大目标作为网络安全建设的重点目标给予优先考虑和重点建设：保障国家网络安全，全面增强国家总体实力；保障国家网络经济安全，全面提升国家护航能力；保障国家网络政治安全，全面增强党的执政能力；保障国家网络社会安全，全面增强国家控制能力；保障个人隐私权，加速提升网络民主政治能力；保障网络空间秩序，全面提升网络空间治理能力。

一、保障国家网络安全，全面增强国家总体实力

网络安全建设的首要目标是保障国家网络安全，这是网络安全建设的内在要义，也是基于信息时代网络安全在国家整体建设中的重要地位。当今世界已经进入信息时代，信息技术成为推动国民经济和科学技术迅速发展的关键技术；网络

信息技术已经渗透到经济、政治、文化、社会、军事等各个领域，对网络的应用能力和网络对国家发展的贡献程度成为衡量一国综合国力及现代化程度的重要标志之一。网络化、信息化的程度越高，安全问题越突出，安全保障与防御也就越重要。网络空间安全对于国家总体安全和国家总体实力提高的基础性作用要求我们必须将保障国家网络安全、全面增强国家总体实力作为国家网络安全建设的首要目标和核心内容进行重点建设。

（一）网络信息化已经成为衡量国家综合国力的重要标志

2014 年 2 月，习近平总书记在中央网络安全和信息化领导小组第一次会议上指出："没有信息化就没有现代化。"国家总体实力是衡量一个国家基本国情和基本资源最重要的指标，也是衡量一个国家经济、政治、军事、技术实力的综合性指标。信息化与各领域的融合使信息化的管理问题日益凸显。当今世界已经进入信息时代，网络信息技术成为推动国民经济和科学技术迅速发展的关键技术，广泛应用、高度渗透的网络信息技术正孕育着新的重大突破，信息资源日益成为重要的生产要素、无形资产和社会财富。网络信息技术已经超出物理范畴，渗透进各个领域，成为推动经济社会转型、实现可持续发展、提升国家综合竞争力的强大动力。在经济领域，信息化与经济全球化相互交织，促进传统产业转型，催生全新的经济形态，推动着全球产业分工深化和经济结构调整，重塑着全球经济竞争格局；在政治领域，信息化改变着传统的政治生态，促进民主法制的发展；在文化领域，互联网使文化的内容形式和传播方式发生了巨大变化，成为信息传播和知识扩散的新载体，加剧了各种思想文化的相互激荡，极大地促进了文化事业和文化产业的发展；在军事领域，信息技术引发了战争形态和作战方式的深刻变革，使现代战争的制胜机理发生着悄无声息的变化，信息化背景下的军事斗争能力成为国家国防力量的关键要素；在社会领域，信息化促进了社会结构的变革，改变了社会成员的生存方式和生活方式；在科技领域，现代信息技术水平成为衡量一个国家整体科学技术水平的重要标志，等等。可以说，网络空间与现实空间前所未有地交融在一起，信息化对经济、政治、文化、军事、社会、科技等领域的渗透作用越来越明显，金融、教育、交通、电力、公共治安以及政府治理和社会服务等越来越依赖互联网，网络信息系统已经成为国家关键基础设施和整个社会体系的神经中枢。一个国家信息化水平的高低不仅反映着一个国家的计算机科学、通信技术水平和创新能力，而且反映着一个国家的综合竞争实力和经济发展水平，已经成为一个国家现代化水平和综合国力的重要标志。综合国力的竞争越来越聚焦于信息网络领域。

（二）网络安全是网络信息化助推国家总体实力提高的基本前提

习近平总书记指出："网络安全和信息化是一体之两翼、驱动之双轮"，"网络安全和信息化相辅相成，安全是发展的前提，发展是安全的保障，安全和发展要同步推进。"这一论述深刻揭示了网络信息化与网络安全的内在联系，为我们从推进网络强国建设的高度深刻认识网络安全建设对于网络信息化发展与网络强国建设的保障作用，正确处理网络安全问题，全面推进网络安全建设提供了方法论依据。从信息化与网络安全的相互依存关系和互动影响作用来看，一方面，没有信息化发展，经济社会发展将滞后，网络安全也没有保障，已有的安全甚至会丧失；另一方面，离开了安全堤坝，信息化就不可能健康、持续发展。没有网络安全，信息化发展越快，造成的危害可能越大。由此可见，网络安全是一个关乎国家生存发展的重大战略问题。网络化、信息化的程度越高，安全问题越突出，安全保障与防御也就越重要，从国家战略层面加强网络空间治理也就越必要。

目前，世界主要国家普遍强化网络空间治理中的国家意志，建立了由国家元首或政府首脑亲自挂帅的相关机构，推进网络治理的战略规划和顶层设计，努力占据网络信息发展的制高点。目前，已有50多个国家颁布了网络空间的国家安全战略，仅美国就颁布了40多份与网络信息安全有关的文件。美国设立了"网络办公室"，颁布了"国家安全战略"和"网络空间国际战略"。2014年2月，美国总统奥巴马宣布启动美国"网络安全框架"。英国出台了"国家网络安全战略"，成立了网络安全办公室和网络安全运行中心。法国成立了"国家信息系统安全办公室"。德国出台了"国家网络安全战略"。可见，以国家意志保障网络空间安全与发展正在成为各国的国家战略与核心竞争力，网络空间已经成为培育新的国家比较优势的重要领域，在网络空间治理中体现国家意志已经在全球范围内得到认同。

新一代网络信息技术蓬勃发展给我国经济、政治、社会、文化等方方面面带来了重大机遇与严峻挑战，如何加强网络空间的科学治理和安全保障，不仅决定着我国能否实现从网络大国向网络强国的跨越，也是我国国家治理体系和治理能力现代化的重要方面。当今世界，互联网深刻改变了人们的生产和生活方式。我国已成为网络大国，但还不是网络强国，在网络安全方面面临着严峻挑战。以经济领域为例，目前我国发展网络经济面临的安全问题主要是网上窃密、传播污染信息、黑客攻击等。这主要是由于网络经济活动主体自我保护和防范意识较淡薄，对于计算机系统运行过程中的安全问题和风险，在认识和行动上尚未做到未雨绸缪和行之有效。从网络经济安全问题的内容看，网络基础设施缺少充分的安全保障，在信息网络技术水平较低、国民获取知识和信息的能力较差的形势下，这方面的问题可能更加严重。由于我国的电信基础设施建设还处于初级阶段，电脑、互联网普及率都比较低[①]，在这种背景下，顺应世界发展大势，借鉴国际发展经验，在网络强国战略推进的过程中高度重视网络安全，是充分发挥网络信息化对于我国经济社会发展的巨大推动作用，增强世界格局变迁中的战略主动权的必然要求。

（三）以保障国家网络安全为重点，全面增强国家总体实力

网络信息化对于国家现代化建设和国家总体实力提高的重要作用，以及网络安全对于网络信息化的不可或缺性，决定了以增强国家总体实力为目的保障国家网络安全是网络安全建设的基本内容，也是当前我国网络安全建设的重要目标。

1. 树立整体统筹理念，加强对国家网络安全建设的顶层设计和整体规划

“不谋全局者，不足谋一域。”善于从全局角度、以长远眼光看问题，从整体上把握事物发展趋势和方向，是我党治国理政的一贯原则。以网络强国战略为导向，推进国家网络安全建设，全面增强国家总体实力也不例外。我国建设网络强国，处于中华民族实现伟大复兴的时代背景之中。国家网络安全建设涉及国家经济社会发展的各个领域和各个方面，与政治、经济、文化、军事等各个领域的安全相互交融、相互影响，是一个复杂的系统工程，要以增强国家总体实力为目的，加强国家网络安全建设，构建有效的国家网络安全防御体系。保障国家网络安全必须树立整体统筹理念，加强对国家网络安全建设的顶层设计和整体规划。为此，一要把保障网络安全放到保障国家总体安全和推进网络强国战略的大局中

① 崔利. 网络经济安全研究［J］. 科技视界，2012（24）：198.

来审视、把握和推进，使网络安全工作适应国家总体安全战略布局，使各领域的安全工作相互协调，使网络安全和信息化发展相协调，使各部门工作相协调。二要把握国家经济社会发展和网络信息化建设对网络安全保障协调发展的全局性要求，准确理解国家网络安全建设的科学内涵，对国家网络安全建设进行整体规划和顶层设计，以网络安全与信息化建设的体系发展促进国家网络安全建设的整体突破，从更高层次上指导和推进国家信息化重大工程。三要充分发挥中央网络安全和信息化领导小组的战略管理职能和集中统一领导作用，统筹协调各个领域的网络安全和信息化重大问题，制定实施国家网络安全和信息化发展战略、宏观规划和重大政策，对网络安全和信息化进行统一谋划、统一部署、统一推进、统一实施，不断增强国家网络安全保障能力。

2. 建立和完善我国网络安全管理体制机制

顺畅的体制机制既是国家网络安全管理的基本前提，也是保障国家网络安全的有力支撑。自中央网络安全和信息化领导小组成立后，各省级网信领导小组也相继成立，并逐步向市级扩展，一个从中央到地方的网络安全监管和信息化建设的体系正在形成。由于历史原因，我国的互联网管理、网络安全管理曾是“九龙治水”，存在多头管理、职能交叉、权责不一、效率不高等弊端，已经到了非解决不可的地步。例如，原有的管理体制机制难以统筹经济社会、国计民生各领域的网络安全和信息化，难以统揽党委、人大、政府、政协、最高人民检察院、最高人民法院等单位和部门的网络安全和信息化，难以使科技、公安、财政、保密等相关职能部门就具体政策进行协调。可以说，我国网络安全和信息化在一定程度上出现了顶层管理职能缺位的局面，网络安全和信息化中一些全局性、战略性问题始终无法取得突破。与中央层面相比，地方层面的管理问题也很突出。一般省级的网络安全和信息化也有十多个不同类型的部门在分头管理。要改变这种局面，必须从国家战略层面、从增强国家的领导力层面解决好管理问题。正如习近平总书记在《中共中央关于全面深化改革若干重大问题的决定》中所指出的：“面对互联网技术和应用飞速发展，现行管理体制存在明显弊端，多头管理、职能交叉、权责不一、效率不高。”同时，“随着互联网媒体属性越来越强，网上媒体管理和产业管理远远跟不上形势发展变化。”为此，要完善网络安全政策法规和体制机制建设，同时要整合相关机构职能，按照“稳步推进大部制改革”的精神，实现对信息安全部门的整合，成立“大信息安全”机构，成立国家级的信息安全支撑机构，打造集信息安全政策、法规、标准、技术、产业研究于一体的支撑团队，形成从技术到内容、从日常安全到打击犯罪的互联网管理合力，提高国家对信息安全的整体掌控力，确保网络正确运用和安全。

3. 围绕网络社会的特点形成新的安全观念

网络社会的兴起是人类整体发展的历史趋势，任何国家、政府和个体都无法违背这一历史趋势，任何战略的制定也都应该尊重和承认网络社会的基本特性。网络安全是信息化推进中出现的新问题，只能在发展的过程中用发展的方式解决，不能简单地通过不上网、不共享、不互联互通来保证安全，或者片面强调建专网。这样做只能造成不必要的重复建设，大量网络资源得不到充分利用，增加信息化成本，降低信息化效益，失去发展机遇。这种“懒政”思维必须破除。要努力实现技术创新和体制机制创新，不断形成维护网络安全的新思路、新方法、新举措、新本领。

4. 积极参与互联网的国际对话合作

建设安全的网络，需要加强国际合作。互联网是一个开放的世界，国际协调是保障国家网络安全不可回避的环节。随着网络空间的无限延伸，原有的“安全孤岛”将不复存在，各国在网络空间中是一个你中有我、我中有你的命运共同体。网络的开放性和跨国性决定了网络安全问题是全球性挑战，是国际社会共同面临的课题，影响着世界和平、安全、贸易和可持续发展。网络安全体系的构建需要国际协调与合作。任何单一国家或政府对网络安全的保护都是镜中花、水中月。许多与网络有关的法律只有通过地区性或者全球性的合作才能有比较好的效果。这一大背景决定了我国的网络安全建设处于一个开放且充满合作、竞争甚至对抗的复杂环境中。加强网络安全建设，构建符合我国需求的网络安全防御体系，保障国家网络安全，不能依靠切断与网络连接的方式实现，不能依靠闭门造车实现，不能依靠幻想一种或者几种能够一劳永逸保障绝对安全的“魔术子弹”实现；需要在复杂的动态对抗与复合博弈中，在全球塑造有利于我国国家网络安全的综合态势，在开放环境下通过动态对抗保障国家网络安全。保障我国的网络安全要进一步与国际接轨，积极参与互联网的国际对话合作，才能推动国家网络安全建设持续健康发展。为此，要积极参与互联网的国际对话合作，以促进解决网络安全面临的突出问题为重点，共同构建和平、安全、开放、合作的网络空间，推动建立多边、民主、透明的国际互联网治理体系，确保网络信息既自由流动又安全流动、有序流动，更好地维护国家网络空间安全和发展利益，维护人民群众网络信息合法权益。我国的网络立法必须积极参与国际协作，认真研究信息网络立法与管理的国际动向，充分借鉴各国先进经验，促进我国网络立法与国际通行的立法原则相结合，从而促进我国网络事业的和谐发展。

二、保障国家网络经济安全，全面提升国家护航能力

信息化社会，由于信息技术的迅速发展及其在国民经济中的广泛运用，一方面，移动互联网助推信息化产业向纵深发展，电子商务促进资源优化配置，互联网金融服务模式不断创新，互联网产业逐步形成新业态，信息经济在国民经济中的比重越来越大，作用越来越强，日益成为国家经济发展的重要引擎；另一方面，随着互联网和整个国民经济的深度融合，信息对于国家经济持续、健康发展的贡献度越来越高，影响力越来越大，国家经济发展对信息和网络的依赖程度越来越深。在这种情况下，保障国家网络经济安全，全面提升国家对经济发展的护航能力，事关国家整体建设和发展，也事关网络信息化建设和发展的质量和效益，理所应当成为网络安全建设的重要目标。

（一）信息技术已经成为国家经济发展的重要引擎

网络经济与经济全球化相互作用，促进了围绕信息产业与相关服务业的技术转移、产业结构调整和国际分工格局的变化。新的经济不再以传统工业为产业支柱，不再以稀缺自然资源为依托，而是以高新技术产业为支柱，发展高新技术则离不开信息技术的发展。信息化已经成为各国经济社会发展的强大动力，推动人类社会以前所未有的速度走向新的历史高度。

在我国，国家一系列推动信息产业发展的方针政策、法律法规的不断完善，信息与信息产业理论研究的不断深入，以及信息产业管理水平的不断提高，促进了我国信息产业的快速发展。目前，我国的信息产业正处于蓬勃发展的历史阶段，不仅需求旺盛、发展迅速，而且竞争激烈、效益提高，在国民经济发展和社

会进步中的倍增作用与重要地位日益突出，成为21世纪新经济的战略产业。根据《中国分享经济发展报告2015》白皮书介绍，2008～2014年我国信息经济规模增速由10.93%提高到14.32%，2014年信息经济总量达16.2万亿元，首超日本和英国的信息经济规模之和，居全球第二位，占GDP比重超过26%，对GDP增长的贡献率高达58.35%。《中国分享经济发展报告2016》白皮书指出，2015年我国利用互联网等现代信息技术整合、分享海量的分散化闲置资源，满足多样化需求的分享经济市场规模约为19 560亿元，在此领域参与提供服务者约为5000万，约占劳动人口总数的5.5%，保守估计，参与分享经济活动的总人数已经超过5亿人。报告中还提到，预计未来五年分享经济年均增长速度在40%左右，到2020年市场规模占GDP比重将达到10%以上，未来十年我国分享经济领域有望出现5～10家“巨无霸”平台企业。以“滴滴出行”为例，我国有130万台出租车，而“滴滴”出租车覆盖率达到80%。预计2017～2025年，互联网将帮助我国提升GDP增长率0.3～1.0个百分点，对我国GDP增长贡献份额达7%～22%，对劳动生产力水平提高的贡献份额最高为22%，到2025年可创造4600万个新的工作岗位。可以说，在经济下行压力加大的背景下，我国互联网产业健康可持续发展，产业格局加速变革，产业链更加细分，业务应用日益丰富，商业模式不断创新，互联网逐渐成为提振经济发展、服务社会民生的新引擎。

（二）推动网络经济持续发展，需要网络安全保驾护航

网络信息化对经济发展的巨大推动作用，一方面为利用网络推动经济持续健康发展提供了巨大空间，另一方面使得国家经济对信息和网络的依赖程度越来越深。蓬勃发展的互联网给人们提供便捷的同时，也为不断增长的安全威胁提供了可乘之机，如人为造成的网络故障、网络攻击，造成的后果包括从轻微的不便直至完全失效——重要数据丢失、隐私被侵犯、财产损失，甚至危及人身安全。据介绍，目前我国6.32亿网民中有3.32亿开通了移动支付功能，各种计算机网络和信息基础设施正在成为国家经济发展的战略命脉。一旦其遭受进攻和破坏，信息流动被锁定或中断，就会导致整个国家的财政金融瓦解，能源供应中断，交通运输混乱，国家整个经济系统有可能陷入瘫痪，社会经济生活由此陷入困境，从而直接威胁国家的安全和民族的生存。因此，网络信息化对国民经济的助推作用

需要以网络安全为前提，离开了网络安全的保驾护航，不仅难以发挥信息化对于国民经济发展的助推作用，还会因为国民经济对网络基础设施的深深依赖而给整个国民经济的发展带来灾难性后果。据报道，我国 31.8%的网民陆续接触过钓鱼、木马网站，2014 年 1～8 月，超过 2 万中国网站遭到黑客攻击，800 多万服务器受到境外的僵尸和木马程序控制，僵尸和木马病毒攻击比 2012 年同期增长了 14%，2014 年整体经济损失环比 2013 年增长 400%。① 据估计，网络攻击使中国经济每年损失数百亿美元。此外，在全球网络经济发展进程中，安全性问题、经济法律法规建设问题、人力资源配置问题、经济理论创新问题不断出现。现代网络技术在方便信息交流的同时使通过网络设备截获信息内容成为可能，其结构的松散化加大了对其进行有效管理的难度。② 从全球范围看，网络无组织状态的自由发展趋势突出，至今还没有出现相应的全球性网络管理方面的法律法规，全球网络经济安全问题非常突出。面对互联网环境下网络安全需求的大幅提高和升级，如何为互联网时代的社会经济安全、健康发展保驾护航，是网络安全建设进程中迫切需要解决的重大课题。

（三）网络安全建设要保障国家网络经济安全，全面提升国家护航能力

网络信息化对于国民经济发展的重要作用以及网络安全对于网络信息化的不可或缺性决定了以提升对国家经济发展的护航能力为目的，保障国家网络安全是当前我国网络安全建设的重要目标。

1. 强化网络安全技术研究与开发

网络技术是网络安全的根本保障，没有先进技术支撑的网络安全是无源之水，无从谈起。只有以先进的网络攻防技术作为网络安全的矛和盾，才能在网络安全防护上做到攻防兼备、游刃有余。为此，一要将信息安全技术、网络安全技术、系统安全技术有机地结合起来，在此基础上加大网络基础设施建设的力度，提高质量和效益，构建起有效的网络安全系统。二要努力打造和利用新型核心信息技术，为中国和中国企业提供拥有海量数据收集管理与分析预测能力的“智慧

① 张丹丹．基于 SSH 的 B/S 应用程序权限控制研究与应用［D］．青岛：中国海洋大学，2014.

② 刘宁扬．我国网络经济安全问题思考［J］．唯实，2003（8）：41-43.

大脑”。要集中力量突破代表一个国家核心信息化能力的芯片技术和核心基础软件技术，防止因核心技术受制于人而导致信息系统安全防护上的根本性缺陷。习近平总书记在网络安全和信息化工作座谈会上明确指出：“核心技术是国之重器，最关键最核心的技术要立足自主创新、自立自强。市场换不来核心技术，有钱也买不来核心技术，必须靠自己研发、自己发展。”核心技术的突破是寻求创新的重要途径，只有掌握了核心技术，才能把控信息化发展的未来。三要创新服务模式，发展培育产业新形态和新增长点，推进信息化与工业化深度融合，为我国经济社会全面转型升级注入强劲活力，成为国家“互联网＋”行动计划的催化剂和新动力。四要从技术上对网络及时进行监测及分析，让信息系统的使用有规可循、有据可查，保证整个操作流程清晰可控，保障各种网络资源稳定可靠、受控合法，保障数据在存储、传输、应用过程中的安全，为信息化建设提供强有力的支撑，为信息系统的稳定运行保驾护航。

2. 健全多层次人才培养体系

习近平总书记指出：“人才是第一资源，人才是富国之本，要聚天下英才而用之。”近年来，党和国家制定实施了“百人计划”“千人计划”等高端人才引进政策，解除优秀人才的后顾之忧。众多海外精英纷纷归国，以其精湛的技术和丰富的尖端行业经验及知识为我国网络信息事业发展做出了卓越贡献。但相对于蓬勃发展的网络信息化发展形势和网络安全管理所面临的严峻挑战，网络人才建设明显滞后。为此，一要改善网络信息领域人力资源的发展环境，优化人力资源的配置，建立和完善创新利益机制，以网络信息人才的可持续发展为保障网络经济安全提供有力的人力支撑。既要坚持弘扬和培育以爱国主义为核心的团结统一、爱好和平、勤劳勇敢、自强不息的民族精神，又要坚持教育创新，通过深化教育改革、优化教育结构和教育资源全面提高教育质量和管理水平，大力推进素质教育，努力造就数以千万计的专门人才和一大批拔尖创新人才，还要改善信息行业人力资源的发展环境，通过制度化建立健全与网络经济发展和安全相适应的思想观念和创业机制，营造鼓励人们干事业、支持人们干成事业的社会氛围，广聚天下英才，为加强网络经济安全保障奠定坚实基础。二要加强制造业人才发展统筹规划和分类指导，组织实施制造业人才培养计划，加大专业技术人才、经营管理人才和技能人才的培养力度，完善从研发、转化、生产到管理的人才培养体系。

以提高现代经营管理水平和企业竞争力为核心，实施“企业经营管理人才素质提升工程”和“国家中小企业银河培训工程”，培养造就一批优秀企业家和高水平经营管理人才。三要以高层次、急需紧缺专业技术人才和创新型人才为重点，实施专业技术人才知识更新工程和先进制造卓越工程师培养计划，在高等学校建设一批工程创新训练中心，打造高素质专业技术人才队伍。四要强化职业教育和技能培训，引导一批普通本科高等院校向应用技术类高等院校转型，建立一批实训基地，开展现代学徒制试点示范，形成一支门类齐全、技艺精湛的技术技能人才队伍。

3. 完善网络经济市场环境与制度建设

不仅要在宏观经济层面通过制定优惠政策、加强部门之间和地区之间的协调保持网络经济政策、法规、标准的一致性和连续性，确定国家网络经济发展总体规划，全面加强宏观调控，使政府信息资源管理能够贯彻到信息收集、获取、传播、保存的整个信息生命周期，还要在微观经济层面加强引导和支持，使企业能够建立健全商业机密保护系统，居民能够自觉地遵守网络经济安全的基本规则。企业要科学制定内部资料秘密等级，规定人员工作涉及秘密的权限，在商业机密管理上定人定岗定责，设立企业各种专用密码，实施网络监控。居民要增强社会责任感，强化社会文明、公德意识以及法制观念，自觉在法律法规允许的范围内参与网络经济活动。此外，还要适应日益复杂的国际网络空间斗争形势，加快制定适应新形势要求的网络安全法律法规，打造完善的信息安全法律体系和监管制度体系，规范网络空间主体的权利和义务。不仅要进一步加强信息安全等级保护工作，建立有效的信息安全审查制度，对重要领域的核心技术产品进行安全检查和风险评估，推进信息安全风险评估工作，还要加强行业管理规范和行业自律准则的制定和实施，规范信息安全企业的行为。

4. 加强网络诚信文明建设

从一定意义上说，网络对于经济的巨大促进作用是以诚信原则为前提的。与现实交易相比，网上交易可以减少中间环节，供需双方直接见面，可以大大降低交易成本，提高交易的质量和效益，但这种改进是建立在诚信原则基础上的。正如市场经济是信用经济，网络经济也是信用经济。不管 B2B（企业对企业）还是

B2C（企业对客户），都需要最基本的信用作为保障才能正常进行。在互联网平台，上亿元的资金流动既不需要各种票据账单，也不需要亲笔签名，只需输入几个简单的阿拉伯数字就可以瞬间易主，如果诚信原则缺失，对正常经济秩序所产生的冲击和破坏几乎是不可想象的。然而，近年来出现的诸如利用网络发布虚假信息、发表不负责任的言论、炒作负面新闻等网络诚信危机事件频发，不仅严重污染了网络文化环境，破坏了网络传播秩序，还极大地败坏了社会风气。加强网络诚信建设，发展健康向上的网络文化，既是维护网络媒体自身形象的迫切需要，也是发展网络新经济的迫切要求，更是保护网民合法权益的迫切需要。为此，不仅要深入持久地开展大兴网络文明之风活动，切实提高网站从业人员和广大网民的诚信意识，通过“文明办网、文明上网”网络诚信教育活动的深入开展着力增强网络从业人员的大局意识、政治意识和社会责任意识，着力培养网络从业人员良好的诚信品格和道德修养，提高网站从业人员辨别和抵制有害信息、维护网络诚信的素质和能力，还要从制度上将某些诚信原则上升为法律规范，以约束和规范网络不文明行为，建立健全电信运营企业、网络运营企业、接入服务企业、域名注册服务机构、互联网信息服务企业等的信息安全责任制。切实加强网络虚拟社会管理，还要切实维护网络传播和经营秩序，严厉打击各种网络不诚信行为。整合互联网相关执法力量，持续开展互联网专项清理整治工作，依法打击在网络上发布虚假信息、传播谣言、散布隐私、恶意人身攻击、传播赌博及淫秽色情等有害和低俗信息、实施网络欺诈、发送垃圾邮件、传播网络病毒等网络不诚信行为，严防网上有害信息依托互联网传播扩散。

三、保障国家网络政治安全，全面增强党的执政能力

互联网的发展及其在政治领域的应用在极大地推动各国向信息化社会发展的同时，也为一些别有用心的国家、集团或个人向他国进行经济扩张、政治渗透和文化入侵提供了最快捷、最方便的途径，从而在削弱国家主权安全、危害国家政权安全、威胁意识形态安全、破坏国家政治稳定、影响国家信息安全等方面对政治安全产生了重要的影响和冲击。为了避免互联网的迅猛发展给国家政治安全机制带来的巨大冲击，迫切需要将保障国家网络政治安全建设纳入国家网络总体安全之内，作为网络安全建设的重要目标进行重点建设。

（一）网络的发展给国家政治安全带来严峻挑战

政治安全使一个国家或政权拥有消除危害、保护自身安全的能力，处于安全、不受威胁的状态，并且能够感受到安全的存在。政治安全包括国家主权和领土安全、政权安全、政治制度安全、意识形态安全和政治稳定等内容，具有阶级性、历史性、动态性、相关性等属性。政治安全既是政治发展与政治稳定的内在统一，也是上层建筑对经济基础的主动适应。我国政治安全的核心是党的政治领导的稳定性和有效性，它以社会主义政治制度和政治思想的安全为必然前提，因而在政治安全选择上，对内主要表现为坚持社会主义制度，强固主流意识形态阵地，维护社会秩序的基本稳定，对外主要表现为防范敌对势力的思想渗透、压力和颠覆。

政治安全关系一个国家的生存和发展，因而受到世界各国的高度重视。从我国的实际来看，当前正处于经济社会发展转型的关键阶段，又正值互联网带来革命性变革的时期，两种重大变革的结合对我国社会的冲击极为猛烈。从经济社会转型来看，据统计，2003 年年底，我国人均 GDP 首次突破 1000 美元，至 2020 年将达到 3000 美元。国际经验表明，人均 GDP 达到 1000～3000 美元，对发展中国家来说是一个经济快速增长的黄金时期，同时也是一个社会矛盾凸显的时期，是“经济容易失调、社会容易失序、心理容易失衡、文化容易失范”的关键时期。这一时期错综复杂的国内外环境和诸多影响政治安全的复杂因素使得维护政治安全的任务更加艰巨。从互联网发展及其对国家政治安全所产生的广泛、深刻影响来看，随着互联网的快速发展和网民群体的持续快速成长，网络舆情的影响力日渐扩大，涉及的议题非常广泛，并且网络突发事件往往与网下突发事件表现出非常强的关联性，这种突发事件也会不同程度地对政治稳定、经济发展、社会秩序等多方面造成破坏，并直接给人民生命财产或精神生活带来损害，在削弱国家主权安全、危害国家政权安全、威胁意识形态安全、破坏国家政治稳定、影响国家信息安全等方面对政治安全形成冲击。对此，美国国家信息基础设施顾问委员会委员埃瑟·戴森曾不无担忧地指出：“数字化世界是一片崭新的疆土，可以释放出难以形容的生产能量，但它也可能成为恐怖主义和江湖巨骗的工具，或是弥天大谎和恶意中伤的大本营。”在国际层面，西方敌对势力以“网络自由”为名，将互联网作为对我国渗透破坏的主渠道，不断在网上进行有针对性的攻击诬蔑、造谣生事，对我国进行意识形态的渗透和颠覆，试图破坏我国的社会稳定和国家安全等；境外情报机构和黑客利用网络进行窃密和破坏活动，境内外分裂势力、极端分子和邪教组织等利用网络策划分裂阴谋。“斯诺登事件”的爆发说明当前少数国家利用掌握的互联网基础资源和信息技术优势大规模实施网络监控，大量窃取政治、经济、军事秘密以及企业、个人敏感数据，甚至能远程控制他国重要网络与信息系统。在国内层面，一些人出于政治或商业利益考虑，也以互联网新技术为新的传播工具和平台，大肆炒作热点敏感问题，散布违法有害信息，甚至进行违法犯罪活动。所有这些，与目前充斥互联网的舆论宣传、情报对抗、对网络的蓄意攻击与防护等问题一样，都是信息时代对国家政治安全的威胁，是比较严重的“入侵”行动，使政治安全机制面临巨大冲击和空前挑战。试想，在危机时刻，如果一个国家涉及国计民生的关键基础设施被人攻击后瘫痪，甚至军队的指挥系统被人接管，很可能将出现“国将不国”的局面。[①]

（二）网络安全是避免其冲击国家政治安全的有效途径

我国互联网上存在一种十分荒唐的“呲必中国”现象：只要是与中国有关的事情，不论其本身的是非曲直，都会责怪甚至辱骂中国和中国人。“呲必中国”的言论和攻击我们党的历史、攻击社会主义制度、甚至抹黑英雄人物的言论交织在一起，集中曝光于网络舆论场上，产生了放大的效应，以前所未有的巨大的舆论漩涡冲击着每个人的情绪，冲击着每个人的爱国情感。这充分显示出互联网的发展使国家政治安全不可避免地扩展到互联网虚拟空间，侵犯方式网络化、虚拟化是侵犯国家政治安全的新趋势。在此背景下，某些国家之所以能够凭借网络技术优势掌握其他国家的政治、经济和军事绝密情报，瘫痪其通信网络、金融信息系统和军事指挥系统，实现“不战而屈人之兵”的效果，从根本上说，在于其掌握了网络的主导权，并利用已经取得的网络主导权对目标国脆弱的网络政治安全系统进行不对称的攻击。而当目标国面临攻击时，由于在技术等方面的天然劣势和政治运行对于互联网的依赖性而无法消除经互联网输入的安全“杂音”，致使危及国家政治安全的负面因素对国内政治运行和政治活动产生了支配作用，或者

① 张垚．网络安全是重大战略问题——访国家互联网信息办公室副主任王秀军［J］．中国信息化，2014（11）：3-4.

由于有关部门化解网络政治危机的过程滞后于网络负面影响产生作用的过程而抵消了其化解政治危机的有效性。近年来，西方一些国家频频借助网络传媒炒作、插手中亚、西亚、中东等地区相关国家的内部政治事务，形成压倒性网络舆情，进而掀起“阿拉伯之春”等一系列“民主革命”，推翻相关地区国家原有合法政权。之所以出现这样的结果，网络安全屏障的缺失是重要原因。以“阿拉伯之春”为例，Facebook、Twitter、YouTube等社交媒体对煽动青年人走上街头起到了推波助澜的作用，充分显示了由于安全缺失，非对称的网络攻击给国家政治安全带来的严重危害。由此可见，当今时代，维护国家政治安全的任务已经从现实世界扩展到虚拟网络空间，网络空间已成为一国政治安全的“新疆域”“重灾区”。网络空间是一个国家主权的组成部分，侵犯一个国家的网络空间就是侵犯一个国家的主权。只有加强网络安全，树立正确的网络安全观，加快构建关键信息基础设施安全保障体系，全天候全方位实时感知网络安全态势，全面提升网络安全感知能力和防御能力，建设并具备适应网络发展的网络空间预警能力、攻防能力和威慑能力，构筑自主可控安全实用的网络空间，才能建立起抵御敌对势力借互联网滋生事端的铜墙铁壁，有效避免和化解由网络空间引起和放大的政治危机。

（三）网络安全建设要为国家政治安全构筑牢固的“防火墙”

互联网的迅猛发展给国家政治安全带来的巨大冲击与严峻挑战，以及确保网络政治安全在避免网络冲击国家政治安全方面的有效性，决定了网络安全建设要将保障国家网络政治安全作为重点目标，保证国家政权安全，全面增强党的执政能力，为国家政治安全构筑牢固的防火墙。

1. 大力宣传政治安全机制创新的重要性、必要性和紧迫性，引导民众树立并增强网络疆界和网络危机意识

习近平总书记强调：“一个政权的瓦解往往是从思想领域开始的，政治动荡、政权更迭可能在一夜之间发生，但思想演化是个长期过程。思想防线被攻破了，其他防线就很难守住。”形势越复杂、任务越艰巨，越需要为政治安全筑牢网络防火墙，在举什么旗、走什么路、朝着什么目标前进的根本问题上绝不能犯颠覆性错误。要使广大网民意识到在全球化时代政治安全是立体的、全方位的，维护

政治安全不仅局限于传统意义上的政治领域，而且涉及经济、文化、社会、生态文明等各个领域；使他们意识到新形势下维护国家政治安全的任务已经从现实世界扩展到虚拟世界，网络安全建设必须为国家政治安全保驾护航。正因为如此，2011年美国发布的《网络空间国际战略》和《网络空间行动战略》均将网络空间与海、陆、天、空并列为主权领域，还成立了网络军队司令部。全世界已有30多个国家制定了网络空间战略及相关政策。正如习近平总书记在“8·19”讲话中明确提出的：“互联网已经成为舆论斗争的主战场。”可以说，在互联网领域，各方正在招兵买马、排兵布阵。甚至在一定程度上，非社会主义意识形态和反社会主义意识形态的一些社会思潮已经在互联网上占据了相对优势的地位。在互联网这个战场上，我们能否顶得住、打得赢，已经直接关系到我国的意识形态安全和政权安全。为此，不仅要大力宣传网络背景下政治安全机制创新的重要性、必要性和紧迫性，引导民众树立并增强网络疆界意识和网络危机意识，还要在建设好自己的舆论阵地、传播好自己的声音的同时，对于刻意诋毁社会主义意识形态的声音进行积极的抵制，争取网络意识形态的主动权，有效维护社会主义意识形态应有的主流地位。

2. 加强正面宣传，夺取网络政治斗争的制高点

目前网络上流传着各种影响国家政治安全的信息，亟待在各种网络平台上开展大规模的正面宣传。一方面，要坚持团结稳定，以正面宣传为主，旗帜鲜明地宣传马克思列宁主义、毛泽东思想和中国特色社会主义理论体系，宣传党的路线、方针和政策，宣传形势和任务，坚持用社会主义核心价值体系引领社会思潮，弘扬真善美，鞭挞假恶丑，在全社会树立正确的价值观，发好中国声音，讲好中国故事，不断增强主流意识形态的吸引力和感染力，唱响主旋律，凝聚正能量，打好主动仗；另一方面，为防止敌对势力利用社会主义建设挫折攻击我国社会主义建设的历史，进而疯狂抹黑党及领袖，还要有针对性地进行国史、党史的研究和宣传。针对一些人美化资本主义制度和社会，而对近年来资本主义全球性危机与困境中所暴露出的资本主义不可克服的弊端却只字不提的选择性宣传，要加强对资本主义的本质及其面临危机的分析，用铁的事实说明资本主义制度必然造成贫富差距和经济危机，资本主义制度最终将被共产主义制度所取代的历史发展规律及趋势，发挥新闻宣传的权威性和公信力、理论教育的深入性和说服力、

正面舆论的导向性和凝聚力，实现主旋律的弘扬和正能量的传播，坚定道路自信、理论自信、制度自信。还要围绕政治安全主题，构建全国统一开放的政治安全宣传网络。对内突出网络道德教育，增强网民自身的抗干扰力和“免疫力”，引导广大网民增强阵地意识、斗争意识，勇于担当，敢于“亮剑”，勇于开展网上意识形态斗争，在事关意识形态领域政治原则和大是大非的问题上打好舆论斗争的主动仗；对外重点报道我国发生的重要政治事件，宣传我国社会主义民主政治建设取得的成就，消除国外一些不明真相的人对我国政治状况的误解，驳斥敌对势力的肆意歪曲和恶意煽动。

3. 提高网络领域国际话语权，参与网络安全国际规则制定

西方敌对势力勾结我国少数“思想叛国者”利用网络，借助电脑和手机等终端设备恶毒攻击我们党，抹黑新中国的开国领袖，诋毁英雄人物，掀起历史虚无主义的错误狂潮，其根本目的是想用“普世价值”迷惑人们，用“宪政民主”扰乱民心，用“颜色革命”颠覆我们，用负面舆论诋毁我们，用“军队非党化、非政治化”和“军队国家化”动摇我们。他们之所以敢于并且能够如此，在很大程度上与他们长期拥有国际舆论场中的网络霸权有密切关系。美国等西方国家丰富的网络资源和语言优势形成了压倒性的单向信息输出，网络信息不对称促成了西方话语形态的网络主导权。同时，美国等西方发达国家凭借其掌握的关键技术与标准高调宣扬“先占者主权”原则下的网络自由行动，为其信息战、网络战提供法理依据；在国际战略上，其已经建立起一整套涵盖网络空间战略、法律、军事和技术保障的网络防控体系，不断巩固并改善其自身对全球网络空间事实上的绝对控制。目前，美国掌握着全球互联网 13 台域名根服务器中的 10 台，能够通过根服务器域名屏蔽的方式威慑其他国家网络边疆和网络主权，表现出绝对的制网权。近年来，虽然我国综合国力在不断提升，但受传媒国际影响力和传播理念的束缚，尚未出现能在国际范围内产生重大影响的媒体或媒体集团，对国际话语权的争夺也面临诸多掣肘，使我国对国际舆论的建构力和影响力不大，在意识形态斗争中的信息地位极不对称。在这种情况下，通过网络安全建设构筑国家政治安全的牢固防火墙，就要按照多边参与的原则，充分发挥政府、国际组织、互联网企业、技术社群、民间机构、公民个人等各个主体的作用，完善网络空间对话协商机制，研究制定全球互联网治理规则，使全球互联网治理体系更加公正合理，

更加平等地反映大多数国家的意愿和利益，推动建立多边、民主、透明、法治的国际互联网治理体系，搭建全球互联网共享共治的平台，共同推动互联网健康发展。

4．不断加强思想宣传工作新情况和新问题的研究

任何事物都有两面性，网络舆论也不例外，它是一把“双刃剑”，具有积极和消极的两面影响。日趋多元和自由的网络民意表达产生了影响社会生活的强大力量，这些力量有时是建设性的，有时是破坏性的，有时是舆论监督的辅助手段，有时是泄愤和报复的谣言公告栏。在网络时代，舆论环境、媒体格局、传播方式和以往相比都发生了很大变化，面对互联网时代的挑战，要增强尊重新闻传播规律的意识，重视学习、善于学习、勤于学习，在学习和实践中把握网络技术媒介创新发展的趋势，提高驾驭新兴媒体的能力，努力掌握信息化条件下工作的话语权，加快占领新兴媒体阵地。为此，一方面要积极研究互联网信息传播的特点和规律，在深入研究网络新媒体与传统媒体内在关系的基础上，积极探索互联网与传统媒体互补融合的有效实现方式，推进传统媒体与新媒体的融合发展，形成立体化交叉覆盖的全媒体阵地，为充分发挥互联网对于凝聚和传播社会正能量的积极作用创造条件；另一方面要主动研判舆情、把握动态，发挥网络对于社会舆论的“消息集散地”“社会减压阀”“思想晴雨表”等重要作用，不断加强对网络思想宣传工作新情况和新问题的研究，创新方法手段，切实提高传播力、引导力、影响力和公信力。针对敌对势力把社会的普通事件炒作成敏感事件，再把敏感事件炒作成政治事件，接着把网上的舆论引向网下，转化为社会的“街头政治”，组织“群众”上街示威的惯常操作手法，认真研判负面信息在互联网上传播的社会根源，研究支撑这种操作模式的运行机制和利益分配机制，通过坚决查处和清理移动社交软件里传播影响国家意识形态安全信息的公众账号和斩断境内外敌对势力的利益传输链条等途径和方式，使其利用互联网干扰社会秩序和制造社会混乱的目的和企图落空。

5．畅通公民网络政治参与渠道

对于国家政治建设而言，网络技术的发展和应用是一把“双刃剑”，既可能产生消极影响，危机国家政治安全，也可能发挥积极作用，成为民意的“晴雨

表”、社会的“黏合剂”、道德的“风向标”和人民群众参政议政的“快车道”，促进社会良性发展。对此，要辩证认识网络舆论的社会影响，在克服其消极影响的同时也要注重充分发挥其积极作用，增强其信息传播、舆论导向、思想沟通和民主监督的正向功能，通过畅通公民网络政治参与渠道，规范和引导网络秩序，为充分发挥其对社会主义民主政治建设的积极作用创造条件，使之成为党和政府了解社情民意的新渠道，成为联系基层、联系群众的桥梁和纽带。为此，要积极调整现有的参与机制，在制定政策、推进工作时要以满足各群体和阶层的利益表达诉求和增加政体的适应性为导向，主动利用网络听取人民群众的建议和呼声，力争让政治参与扩大化，最大限度地寻求民意的认同，将除涉及保密规定以外的所有政府信息公开，并在对话和协商中增加决策的可接受性，消除网民的误解和隔阂，使网络成为稳定社会的“缓冲器”。在制度建构的过程中应主动着力培育公民社会，培养民众参与公共事务的意识和能力，形成政治参与中的良性引导，并确保参与、影响政治过程的机会公平。与此同时，还应警惕网络民意的局限性。网络不能取代实地调查研究，更不能替代政策研究和战略思考，对网络中所表达的民意需要具备“慧眼”区分良莠，慎重地判别和选择。

四、保障国家网络社会安全，全面增强国家控制能力

现代信息技术在社会各领域的创新应用引起了社会形态的深刻变革，从根本上改变了人们的生活方式和行为方式。网络的互联互通不仅极大地扩展了信息传播的空间，加快了信息传播的速度，进而提高了整个社会经济运行的效率，为人们更便利地获取社会资源，更有效地改善学习、工作和生活条件提供了巨大优势，也增加了社会系统的脆弱性，加大了社会治理的难度，给我们维护国家社会安全和网络秩序带来了严峻挑战。为了解决社会信息化进程中网络失序和失范引起的社会问题，对冲由于网络因素产生的社会脆弱性，更好地发挥互联网对于社会稳定、人民安居乐业的积极作用，要将网络安全建设和保障国家网络政治安全作为重点目标，围绕保障国家政权安全这一中心，全面增强国家对社会的控制能力。

（一）社会信息化改变了人们的生活方式和行为方式

信息技术在生产、科研教育、医疗保健、企业和政府管理以及家庭中的广泛应用引起了社会形态的深刻变革，从根本上改变了人们的生活方式和行为方式，对经济和社会发展产生了巨大而深刻的影响。这一方面表现为个人拥有的现代信息产品显著增加。目前，我国的电视、电话、计算机、互联网等普及率不断提高，并日益成为人们生活的必需品。根据中国互联网络信息中心（CNNIC）发布的第38次《中国互联网络发展状况统计报告》，截至2016年6月，我国网民规模达7.10亿，上半年新增网民2132万人，增长率为3.1%。我国互联网普及率达到51.7%，与2015年年底相比提高1.3个百分点，超过全球平均水平3.1个百分点，超过亚洲平均水平8.1个百分点。我国手机网民达6.56亿，网民中使用手机上网的人群占比由2015年年底的90.1%提升至92.5%，仅通过手机上网的网民占比达到24.5%。从平均上网时长来看，2010年平均每周上网时长为18.3小时，到2014年则达到26.1小时。另一方面，表现为现代信息技术凭借其在促进就业、改善教育和医疗条件、确保食品药品安全、维护社会稳定、建设诚信社会等方面的独特优势，正在塑造着全新的生活、工作与学习方式。除了当前已有的电子政务、电子商务领域，个人理财、旅游预订、医疗健康、劳动就业、法律服务、日常家居等领域都呈现向“线上”发展的态势。例如，2013年互联网理财统计数据是0，而到了2014年，用户规模跃至7849万人；2013年网上旅游预订是28 077万人，2014年是22 173万人。在构成我国信息社会指数（ISI）的诸多指数中，数字化生活指数从2000年的0.0319迅速增长到2010年的0.3910，10年中增长了10倍，远远超过了知识型经济指数和网络化社会指数的增长幅度（这两个指数同期增长分别为27.7%和10%）。抽样调查显示，2009年我国约有2.3亿人经常使用搜索引擎查询各类信息，约2.4亿人经常利用即时通信工具沟通交流，约4600万人利用互联网学习和接受教育，约3500万人利用互联网进行证券交易，约1500万人通过互联网求职，约1400万人通过互联网安排旅行。2016年上半年，各类互联网公共服务类应用均实现用户规模增长，在线教育、网上预约出租车、在线政务服务用户规模均突破1亿人，多元化、移动化特征明显。现代信息技术在社会各领域中的创新应用从根本上改变了人们的生活方式和行为方式。

（二）网络社会安全是建设信息化社会的有力支撑

互联网的快速发展及其在社会领域的广泛应用引起了社会形态的深刻变革，开启了由工业社会向信息化社会变迁的新历程。承载全人类信息传播、管理控制和社会运行的网络基础设施在快速推进我国经济发展、社会进步的同时，也给国家社会安全和网络秩序维护带来了严峻挑战。一些传统的违法犯罪更多地利用和针对互联网实施，网上窃密、网上盗窃、网络攻击、网络赌博、网络诈骗、网上贩毒贩枪等违法犯罪活动呈上升趋势，给社会稳定和公民合法权益带来了重大危害。例如，近年来我国发生的一些暴力恐怖事件，就是境内外三股势力通过互联网等多种渠道远程遥控指挥的结果。根据《2015 年中国互联网安全报告》，2015 年 360 互联网安全中心共截获 PC 端新增恶意程序样本 3.56 亿个，与 2014 年相比增长 9.9%；360 安全卫士、360 杀毒共为全国用户拦截恶意程序攻击 855.4 亿次，相比 2014 年大幅增长达 49.4%。2015 年，移动端累计监测到安卓用户感染恶意程序 3.7 亿人次，较 2014 年增长了 15.0%，移动端恶意程序类型中资费消耗占比高达 73.6%，其次为恶意扣费（21.5%）和隐私窃取（4.1%），手机恶意程序趋利性极为明显。2015 年，360 互联网安全中心共拦截各类新增钓鱼网站 156.9 万个，相比 2014 年（262.1 万）下降了 40.1%；拦截各类钓鱼网站攻击 379.3 亿次，相比 2014 年（406 亿）下降了 6.6%。在拦截的各类钓鱼网站攻击中，PC 端占 331.3 亿次，占 360 各类终端安全产品拦截钓鱼网站总量的 87.4%；手机端为 48.0 亿次，占 12.6%。手机端拦截的总攻击次数和在总拦截量中的占比均创历史新高。在新增钓鱼网站中，虚假购物的占比最大，达到了 44.7%，其次是金融理财 13.6%，虚假中奖以 10.8%位列其后。而在钓鱼网站的拦截量方面，彩票钓鱼占到 72.9%，排名第一，其次是虚假购物占 10.8%，网站被黑占 4.9%。2015 年，用户通过 360 手机卫士标记各类骚扰电话号码约 2.62 亿个（全年去重），比 2014 年增加了 2.3%，平均每天约 106.4 万个（当日去重）；识别和拦截各类骚扰电话 272.6 亿次，比 2014 年增加了 64.3%，平均每天识别和拦截 7468.5 万次。“响一声”电话以 37.0%的比例位居用户标记骚扰电话的首位，其次为广告推销（占 15.1%）、诈骗电话（占 9.5%）、房产中介（占 8.4%）、保险理财（占 0.5%）。从骚扰电话识别和拦截情况看，诈骗电话（占 21.0%）位居首位，其次为广告推销（占 16.2%），“响一声”、房产中介和保险理财占比分别为11.4%、5.1%和2.0%。2015年，360手机卫士共为全国用户拦截各类垃圾短信约318.3亿条，较2014年（613亿）下降了48.1%。通过用户举报的垃圾短信内容分析来看，广告推销类短信最多，占比达91.9%；其次是诈骗短信，约占垃圾短信总量的4.3%；违法短信占比为3.8%。2015年，猎网平台共收到网络诈骗举报24 886例，举报总金额1.27亿余元，人均损失5106元。与2014年相比，举报数量只增长了7.96%，但人均损失却增长了将近1.5倍。其中，PC用户举报15 913例，人均损失4840元；手机用户举报8973例，人均损失约5577元。① 从全球角度来看，目前各国关键基础设施已成为网络攻击的对象，一旦被攻击导致瘫痪，将给国家安全、社会稳定造成不可估量的伤害。例如，2015年年底乌克兰曾发生一次影响巨大的有组织、有预谋的定向网络攻击，致使乌克兰境内近1/3的地区持续断电。网络安全影响网民的时间之长、规模之大前所未有。互联网发展到今天，已经变成了实实在在的网络社会，并与现实社会密切关联、密不可分。如何管理好、利用好、发展好互联网，是党和国家的重大关切。确保互联网成为社会发展进步的助推器和强劲动力，而不是不法分子实施诈骗、盗窃、恐怖，危害人民生命财产、危害国家安全的工具，关系到社会信息化建设的质量和效益，也关系到人民的生活质量和对信息化社会的获得感，是摆在我们面前的重大问题。

（三）以保障国家网络社会安全为重点，全面增强国家控制能力

网络安全牵动着社会安全，关系到社会治理能否顺利转型。互联网的迅猛发展对国家社会安全机制带来的巨大冲击与严峻挑战，以及网络社会安全在避免其引起社会混乱甚至群体性事件方面的有效性决定了网络安全建设要将保障国家网络社会安全作为重点目标，保障国家社会安定，促进社会繁荣，全面增强国家对社会的治理能力。大力维护网络社会安全，应从以下几个方面着手。

1. 增强全民网络安全意识

网络既可以帮助团体或个人，使他们受益，也可以对他们构成威胁、造成破

① 《中国信息安全》编辑部．我国发布首个《公众网络安全意识调查报告（2015）》[J]．中国信息安全，2015（6）：77-80.

坏。网络社会安全既有技术方面的问题，也有意识方面的问题。根据《2015年中国互联网网络安全报告》，网络安全意识淡薄的问题主要体现在网民个人账户“不锁门”，多账户同密码、忽略用户协议，个人信息“送上门”、随意连接WiFi、扫二维码过于随意、缺乏诈骗防范知识等。据调查统计，我国81.64%的网民不注意定期更换密码，其中遇到问题才更换密码的占64.59%，从不更换密码的占17.05%；75.93%的网民存在多账户使用同一密码的问题，其中青少年网民最为严重，达82.39%；44.42%的网民使用生日、电话号码或姓名全拼设置密码，青少年网民占比更高，达49.58%；在注册不熟悉的网站或下载软件需签署用户信息保护和责任条款时，仅有14.87%的网民会仔细阅读个人信息保护相关内容，感觉合理才注册或下载；80.21%的网民随意连接公共免费WiFi，45.29%的网民连接公共免费WiFi浏览网页并使用即时通信工具；83.48%的网民网上支付行为存在安全隐患，42.55%的网民使用公共计算机网络支付后没有消除上网痕迹，38.96%的网民使用无密码WiFi进行网络支付；36.96%的网民对二维码“经常扫，不考虑是否安全”，其中青少年网民二维码“经常扫，不考虑是否安全”的比例高达40.3%；55.18%的网民曾遭遇网络诈骗，觉得“金额不大，懒得处理”和“不知道如何处理”的分别为16.82%和26.01%，40岁以上中老年人占受骗总人数的62%，尤其在损失超过5万元的诈骗案件中，中老年人所占比例更是高达75%。与之形成鲜明对比的是，中老年人在受骗后却往往不愿意声张，选择报案或向警方求助的比例远低于40岁以下人群。在这种情况下，加强网络社会安全建设，要着眼于青少年网络应用安全意识亟待加强，老年人安全事件处理能力和法律法规了解程度急需提升的现实需求，下大力气普及推广网络安全教育，增强全民网络安全意识。通过主题宣传教育活动，普及网络安全知识，提高网络安全技能，营造网络安全人人有责、人人参与的良好氛围，保障用户合法权益，共同维护国家网络安全。提升全民网络安全意识，不仅要在保障安全、规范程序、促进发展上下功夫，还要牢固树立政治意识、责任意识、机遇意识和统筹意识，把网络社会建设上升到维护党的执政地位的高度对待，加强和创新社会管理，强化网络社会的建设管理，全面增强国家控制能力。

2. 加快构建网络社会风险预警体系

面对全新的网络平台与舆论环境，在正确认识网络舆论的特点、把握传播规律的基础上，按照网络风险源头性治理的原则，有效引导网络舆情，维护社会稳定。一是各级政府成立专门的组织并建立协调联动机制，由专人负责网络舆情的预警监测，按照“发现在早，处置在小”的思路，科学建立网络社会风险评估指标，加大网络风险管理工具和技术平台在社会风险的监测、分析、预判和决策中的应用，实现虚、实社会空间全面覆盖、联通共享、动态跟踪、功能齐全的信息网络，提高社会治理系统监测、评估、分析、预警的效能。二是注重对议题的引导。对于敏感度较高的政策领域，如价格政策、公共安全、民生问题等，在制定相关公共政策时应当按照其脆弱性和敏感度，做好敏感度较高的政策领域受网络舆论冲击的相应预案，以免事后被动反应。提高政府的公信力和社会凝聚力的治本之策是真诚、切实、及时地解决现实突发事件本身，最大限度地平息民众的不满和关注。对于暂时无法妥善解决的事件，要开诚布公地向民众作出解释，以尊重民意的态度和积极行动的姿态取得民众的谅解和支持，再适时把注意力引导到其他关系国家和民众利益的议题上。三是注重对关键舆论参与对象的引导。从社会公众的参与主体来看，普通成员和意见领袖对舆论传播的作用不同。意见领袖是指在人际传播网络中经常为他人提供信息，同时对他人产生影响的“活跃分子”。他们在大众传播效果的形成过程中起着重要的中介或过滤作用，如加工与解释、扩散与传播等，由他们将信息扩散给受众，形成信息的两级传播。因此，在对舆论参与对象的引导中，要针对不同的对象采取不同的策略。对于普通大众，应该态度端正、及时进行对话，通过有意识的引导达到预先缓冲网络舆论压力的效果。

3. 完善不同层级政府的大数据资源储备

一是着手管理处于零散、孤立状态的社会大数据，利用移动互联网、物联网、移动应用程序等新兴互联网技术和应用平台，智能、高效、实时地在更多层面、更多领域汇聚社会大数据，将有价值的公共数据挖掘出来、分享出来、利用起来。二是大力加强共享的信息化平台建设，不断改进和完善共享的机制构建，优化配置公共数据资源到协同网络中的相应主体，实现共享机制的常态化和长效化。三是加强对社会大数据的利用，包括在社会问题分析、政策制定、决策评估等方面利用大数据增强科学性和针对性。例如，可以利用大数据技术识别网络空间的关键节点，准确判断和定位意见领袖、黑客等。综合运用大数据挖掘和分析、云平台试验仿真等互联网先进技术，及时、精确地发现定位网络中的异常节点，提高网络防控的效率和准确性。

五、保障个人隐私权，加速提升网络民主政治能力

网络的迅猛发展催生了网络政治参与，构成了丰富民主形式、拓宽民主渠道的新途径，对于保障公民的知情权、参与权、表达权、监督权起着不可替代且立竿见影的作用，成为我国民主政治一个新的重要生长点，为社会主义民主政治建设提供了难得的机遇，对于社会主义民主政治建设具有重要意义。然而，在不规范的网络发展阶段，网络政治参与对完善社会主义民主政治所具有的积极作用空间也会因为网络参与主体个人隐私权的缺失而受影响。在这种情况下，只有在网络安全建设的进程中将保护个人隐私权作为主要内容进行重点保护，加速提升网络民主能力，才能将社会信息化条件下互联网对于社会主义民主建设所具有的独特作用充分发挥出来。

（一）网络的迅猛发展为社会主义民主政治建设提供了难得的机遇

2003 年 3 月，一位大学毕业生的意外身亡成为互联网上仅次于“非典”报道的热门新闻。在广州街头闲逛的湖北青年孙志刚，因未随身携带暂住证被警方带去盘查，朋友几次保人未果，数天后因所谓突发“心脏病”而猝死在收容站内。事件一经披露，网上迅速掀起议论热潮。网民剖析事件细节，质疑孙志刚死因，并直指收容遣送制度的不合理性。最后，在媒体、学者和网民的共同努力下，事件真相得以查明，乔燕琴等责任人被处以重刑，《城市流浪乞讨人员收容遣送办法》也在不久后被废止。该事件成为网络问政方兴未艾之际最具代表性的案例。此后，2005 年佘祥林杀妻冤案、2009 年“邓玉娇刺官案”、农民工“开胸验肺案”等一系列公共事件的调查过程中，网民对新闻的快速传播、及时跟踪和热烈讨论极大地推动了有关部门的调查效率，并最终改变了事件主人公的命运。

习近平总书记在网络安全和信息化工作座谈会上强调：“网民来自老百姓，老百姓上了网，民意也就上了网。”这一思想深刻揭示了互联网在新形势下对中国特色社会主义民主政治的发展具有积极作用。

自 2008 年 6 月时任国家主席胡锦涛通过人民网强国论坛与网友在线交流后，

地方各级领导与网民开展的在线交流活动风起云涌，公众通过互联网直接和深入地参与到社会生活和政治生活的各个方面，其广度和深度在我国政治过程中是前所未有的。近年呈现的趋势表明，网民已不再仅仅作为围观者出现，而成为直接参与者，在车船税法、醉驾入刑、个税法草案等法律法规的修改过程中有了越来越洪亮的“草根”声音。2011 年，修改后的个人所得税法起征点由 3000 元调至 3500 元。当初提交全国人大常委会审议时，二审稿对 3000 元起征点并未修改。小组审议时，有委员指出，网上意见要求提高起征点的占 83%，若草案未充分回应，很难向公众解释清楚。最后做出调整，可以说正是 23.7 万条网民意见影响的结果。有统计数字显示，2008 年以来审议通过的 30 多部法律都曾通过互联网向社会公布，并广泛征求意见。征求网民意见、反映网络民情已经成为我国制定法律法规的必要程序。

网民积极参与网络问政的热情还体现在揭发、举报政府官员腐败行为方面。在 2008 年 12 月之前，周久耕还享受着南京市江宁区房产局局长的头衔带给自己的黑色利益。周久耕开会的照片悄然上网后，火眼金睛的网友“扒”出了“九五至尊”和“江诗丹顿”，小细节牵出了大贪官。后经调查发现，周久耕先后利用职务之便，分 25 次收受贿赂人民币 107.1 万余元和港币 11 万元。有着同样“遭遇”的还有原广西来宾市烟草专卖局局长韩峰。2010 年 2 月，网友“含仙子”在“天涯社区”发帖展示“局长日记”，日记主人韩峰自述与他人发生的不正当男女关系和不正当经济往来。纪检部门介入后逐步查明，韩峰确实多次收受承建商的贿赂款共计 48.2 万元及价值 30 万元的商品房一套。周久耕与韩峰相继“落马”，被认为是充分发挥网络反腐威力的示范。据媒体报道，近 8 年来中国内地有 25 个省区市出现过 118 起网络反腐事件。2008 年至今，每年网络反腐事件都在 10 起以上，2009 年为 14 起，2011 年尤其突出，接近 50 起。

回顾互联网的发展历程，我国互联网从最初网络发烧友的娱乐工具已然演变成社情民意表达的无形场所。利用日益发达的互联网收集大众意见，不仅方便、广泛、快捷，而且具有低成本、高效率的优势。目前我国除了网民人数世界第一，诸如 BBS 论坛、网上投票、个人博客、网上辩论、视频交流、网上座谈会等信息交流、传播和搜集形式也比比皆是，非常盛行，通过网络这种无形的虚拟“广场”，能够比较充分地反映出现实生活中的社情民意。仅以网上投票为例，2008 年 6 月在中央精神文明建设指导委员会办公室等单位举办的“抗震救灾英雄少年”评选活动中，网络投票就多达5000万张，网上感言评论多达10万多条。这一切表明，互联网正在成为推动我国社会主义民主政治建设的重要力量。在信息化时代的治理模式中，互联网的普及使公众不仅是信息的接受者，而且成为信息的生产者和传播者。网民的政治参与对于社会主义民主政治建设具有重要意义。可以预见，网络时代将是“参与制民主”兴起的时代，“在线参与”将成为网络时代政治活动和政治参与的主要方式之一。

（二）发展网络民主，离不开对公民的网络隐私权进行有效保护

互联网为政治生活注入了新的活力，为人们更广泛深入地参与政治生活创造了极大的便利。网络政治参与的诞生，一方面可以完善公民的利益表达机制，促进社会主义民主的发展，另一方面可以促进公民提高自身的政治素养，推动公民参与政治活动的健康发展。网络政治参与的产生、存在及其所具有的政治正面效应在网络不规范的发展阶段也会由于隐私权的缺失而大打折扣。网络隐私权是指公民依法享有隐瞒、控制、利用和维护与公共利益无关的纯粹个人的信息、私事等私生活秘密并禁止他人或组织非法侵扰、刺探、存储、持有、利用和公开等的一种人格权[①]。在网络时代，隐私权不仅是一种消极的“个人生活不受侵扰”的权利，更是一种积极的、能动的控制权和利用权。和传统政治参与形式及政治活动相比，从根本上说，源自互联网的开放性与虚拟性的网络匿名性质给网民参与政治活动带来了更多的安全感，使他们敢于表达自己的真实意愿，为广大网民监督领导干部提供了便利条件，消除了人们发表言论和看法的各种风险和顾虑，使人民群众能够通过任一网络终端自由地参与和发表言论，提供相关线索和材料。然而，在网络时代，凭借高科技手段，人们对他人隐私的获取和侵犯变得轻而易举，网络空间的隐私权比物理空间的隐私权更难设防、更难控制，高速运转的无国界的互联网络正面临着日益严重的信息泄露和隐私权侵犯问题，个人隐私遭到侵入、截取、篡改、插入、删除、披露、非法利用等多种威胁[②]。以2015年为例，4月以来，公安部部署开展了打击整治网络侵犯公民个人信息犯罪专项行动，截至7月全国公安机关已累计查破刑事案件750余起，抓获犯罪嫌疑人1900余名，缴获信息230余亿条，清理违法有害信息35.2万余条，关停网站、栏目

①② 雷金牛．论网络时代公民隐私权保护［D］．北京：对外经济贸易大学，2002.

610余个。据中国互联网协会《中国网民权益保护调查报告2016》显示，近一年时间，国内6.88亿网民因垃圾短信、诈骗信息、个人信息泄露等造成的经济损失估算达915亿元。网络时代的到来在给人们带来无数便捷和利益的同时，也给隐私权保护带来巨大的挑战。

（三）保障个人隐私权，加速提升网络民主政治能力是网络安全建设的关键目标

互联网的应用在公民的参政能力和素养提升及政治参与的途径和渠道拓展两个方面为我国的民主参与提供了一个全新的、便利的、有效的途径，从而大大扩展了公民参与的规模和数量，构成了我国民主政治一个新的重要生长点，对于社会主义民主政治建设具有重要意义。然而，网络民主毕竟是一个新生事物，在发展的过程中也容易受个人隐私权的缺失等不利因素阻碍。网络民主对提升社会主义民主政治所具有的巨大积极作用以及网络个人隐私权缺失对发展网络民主和网络政治参与所产生的危害要求将保障个人隐私权作为网络安全建设的重要内容，大力加强个人隐私权保护，加速提升网络民主政治能力。一方面，要对网络政治参与多一些宽容的态度，本着趋利避害的总原则，积极应对，因势利导。各级党政机关和领导干部要学会通过网络走群众路线，对广大网民要多一些包容和耐心，对建设性意见要及时采纳，对困难要及时帮助，对不了解情况的要及时宣介，对模糊认识要及时廓清，对怨气怨言要及时化解，对错误看法要及时引导和纠正，让互联网成为了解群众、贴近群众、为群众排忧解难的新途径，成为发扬人民民主、接受人民监督的新渠道。另一方面，要着眼于现代互联网络的种种特殊性，针对产生个人隐私安全问题的不同原因，团结整个社会的力量，从社会道德、文化氛围到政府管理与技术手段等各个方面进行控制，加快完善网络法律法规，坚决打击网络犯罪，特别是要大力铲除网络敲诈、侵害公民合法权益等“毒瘤”，加强网站自律和网民自律，营造风清气正的网络环境，让网络管理、网络运用、网络服务始终在法治的轨道上健康运行，从最大程度上对可能导致个人隐私安全问题的因素进行防范并尽可能地加以杜绝。只有通过对计算机网络技术的强化、严格互联网络管理制度、进行合理的法律调整，并从伦理道德上进行引导约束，才能有效地加强当前互联网或个人隐私的安全维护，确保网络用户的隐私安全。

六、保障网络空间秩序，全面提升网络空间治理能力

网络技术的快速发展和广泛应用为人们的社会活动和信息交换提供了数字化平台，创造出网络空间这一新的社会空间。但网络空间绝不是一个独立王国，而是现实社会在网络上的延伸与拓展，与现实空间有着密切的内在联系。网络空间作为真实存在的客观现象，属于现实空间的组成要素和特殊部分，是社会现实和有限时空的虚拟反映和无限表达。网络空间与现实社会的内在联系和交互作用决定了网络空间秩序在网络安全建设中的重要地位，也要求我们必须将保障网络秩序作为加强网络安全建设的重要目标重点关注，通过网络治理能力的全面提升，规范网络秩序，发挥网络空间对于现实社会的正面促进作用，规避由于网络失范而产生的负面影响。

（一）与现实空间的密切联系决定了网络空间不是法外之地

从网络空间与现实空间的联系来看，网络空间是现代社会的一种新形态，构成现实社会的特殊组成部分。它无法独立于社会与人，也离不开现实主体，网络空间的主体依然是现实生活中的人。网络空间所表现的一切存在物都可以追溯到每一台有网络地址的电脑，最终追溯到使用电脑的人。正常的社会秩序是维护每个公民安全的重要保障。法治是现代社会的重要标志之一。作为现实社会的一种新形态，网络社会也应是法治社会，运行在法治轨道上，不能也不应成为法外之地。

事实上，任何一个国家和地区都不允许在“虚拟世界”中肆意妄为。1977年，美国颁布实施了《联邦计算机系统保护法》，至今已出台100多部法律规范网络传播活动，将互联网“与真实世界一样进行管控”。韩国政府施行网络实名制，要求网站对留言者的身份信息进行记录和验证，否则将对网站处以罚款，且网站将承担法律责任。英国一方面依据现有法律进行管理，并不断出台新法应对新问题，另一方面组织行业协会规范网络运营机构和用户的行为。德国、新加坡等国也都非常注重加强互联网相关的立法、执法。

（二）与现实世界的交互作用决定了网络失范会使现实社会乱象丛生

从网络空间与现实空间的交互作用来看，网络空间作为真实存在的客观现实，属于现实空间的组成要素。互联网发展到今天，“虚拟世界”对现实社会的影响越来越直接，越来越深刻，各种破坏网络安全与秩序的非道德行为、违法行为泛滥成灾。有的人视互联网为自家“垃圾箱”，肆意谩骂吐槽；有的人将网络公共空间当作法外之地，动辄就“人肉搜索”、人身攻击；有的人为了提升人气，不惜造谣传谣；有的借助热点事件设置负面话题，组织围攻网上正义的声音；更有个别无良“大V”恶搞丑化英雄，肆意歪曲历史。所有这些，不仅扰乱了网络空间秩序，也对网民的思想和行为产生了消极、负面的影响。许多现实生活中的违法活动早已在网络空间萌芽和发酵，网络秩序成为社会秩序的先发和前哨，网络虚假信息的偶发性、隐蔽性、传播性更强，网络失范对社会秩序的干扰和破坏更为隐蔽和有杀伤力。

与现实空间的密切联系和交互作用决定了网络空间绝不是法外之地。如果不能纳入规制化轨道，一旦网络空间陷入混乱，不受约束的网络行为对现实社会将产生难以估量的影响。以网络中的虚假信息为例，无论是前几年在网络上传得沸沸扬扬的“华南虎事件”，还是后来的深圳“最美女孩”事件，都是借助互联网传播渠道发布和传播虚假新闻，在社会上产生了强烈反响。在这些事件中，人为编造的虚假新闻一方面造成了现实社会中人与人的不信任，甚至是大面积的信任危机；另一方面，这些事件真相大白后，除了让人唏嘘，留给人的可能是“说谎挺好，起码可以出名，我不妨模仿一下也制造一起假新闻”。近年来，青少年性犯罪屡见报端，在一定程度上与疏于管理而充斥网络的色情内容有着不可分割的关系。2009年5月17日，以“保障儿童网上安全”为主题的“世界电信与信息社会日”到来之际，中央社会管理综合治理委员会预防青少年违法犯罪工作领导小组办公室与中国青少年研究中心联合发布了《青少年网络伤害问题研究》。该报告显示，48.28%的青少年接触过黄色网站，43.39%的青少年收到过含有暴力、色情、恐吓、教唆、引诱等内容的电子邮件或电子贺卡[①]。由此可见，无论

① 刘义军．中职生上网行为的监管——以包头机电工业职业学校为例［D］．呼和浩特：内蒙古师范大学，2012.

是对网络主体的健康成长还是对网络本身的运行秩序来说，网络失范对社会秩序的干扰和破坏更为隐形和有杀伤力，网络失范或失序都会给与网络空间紧密相连的现实社会带来极大的危害。

（三）以保障网络空间秩序为重点，加强网络安全建设，全面提升网络空间治理能力

网络空间对于现实社会的双向影响作用和网络空间秩序对于网络效能发挥的巨大影响决定了网络空间秩序在网络安全建设中的重要地位。网络空间既要提倡自由，也要遵守秩序。自由是秩序的目的，秩序是自由的保障。为此，一方面要发挥法治对引领和规范网络行为的主导性作用，按照科学立法要求加强互联网领域的立法，加强网络执法，引导网民遵法守法、依法上网，全面推进网络空间法治建设，实现网络健康发展、网络运行有序、网络文化繁荣、网络生态良好、网络空间清朗的目标；另一方面，必须摒弃传统物理世界管理的“大院子”思维，适应网络时代的“大数据”思想，坚持积极利用、科学发展、依法管理、确保安全的方针，加大依法管理网络的力度，加快完善互联网管理领导体制，通过数据开放和信息共享打破部门间的权力壁垒，最终实现中央与地方、各系统部门之间的决策协同和管理创新，全面提升网络空间治理能力，确保国家网络和信息安全。同时，在构建风清气正的网络生态文明进程中，还要发挥广大网民等主体的参与热情，引导普通网民、网络名人、网络媒体企业在参与网络公共讨论时自觉增强规则意识、法律观念，按照法治与德治并举、他律与自律结合的原则，推动网站、网民、政府主管部门齐心协力，共同成就网络社会的“秩序之美”。此外，还要自觉践行社会主义核心价值观，弘扬正能量，倡导文明健康的网络生活方式，培育崇德向善的网络行为规范，用优秀的思想道德文化滋养网络、滋养社会，自觉把网络谣言、网络暴力、网络欺诈、网络色情等“污泥浊水”清除出去，让网络空间清朗起来。

第六章　我国网络安全建设的思路与对策

习近平总书记《在网络安全和信息化工作座谈会上的讲话》中指出："网络安全和信息化是事关国家发展、事关广大人民群众工作生活的重大战略问题，要从国际国内大势出发，总体布局，统筹各方，创新发展，努力把我国建设成为网络强国。"如今，我国网民数量已经达到7亿人，是全世界网民最多的国家，是当今世界不折不扣的网络大国，但是我国在网络基础设施、网络核心技术等方面和世界网络强国相比还有很大的差距。尤其是在网络安全方面，我国面临的形势严峻而复杂，要实现从网络大国向网络强国的转变，网络安全建设任重道远。本章将从网络安全观念、网络安全战略、网络安全人才建设、网络安全核心技术、网络安全法制法规、网络安全意识培养等方面提出我国网络安全建设的思路与对策。

一、转变观念，走向网络思维，树立面向总体国家安全的网络安全观

观念是行动的先导，人们的行动总是受到观念的支配和影响。一般来说，好的或正确的观念会使人们取得好的结果，而不好的或错误的观念很难使人们获得预期效果。进入21世纪，人类社会走进网络时代。正如习近平总书记所说："我们必须跟上时代的步伐，不能身体已进入21世纪，而脑袋还停留在旧时代。"网络时代的根本特征要求我们必须转变观念，走向网络思维，树立正确的网络安全观念，以此推动我国的网络安全建设。

（一）转变观念，走向网络思维

1. 网络思维

思维方式是指人们对事物的本质及其规律的认知方式。思维方式与时代特征紧密联系，是一定时代社会生产方式、生活方式等要素的综合反映。网络思维就是对互联网及其影响和作用下的人类社会生产方式、生活方式、思维方式等进行重新审视的思维方式，它是在人类社会进入网络时代之后，基于网络对人类社会的影响而产生的新的思维方式。从发生机制上看，网络思维是网络时代社会生活的网状结构在人脑中的映射，从而实现由点、线到网的思维变革。从本质上看，网络思维是对网络时代各类关系的认识和把握，是网络分析方法对网络社会活动进行重新审视的产物。

2. 正确把握网络空间的基本特征

网络空间与物理空间的根本区别是其非线性，即在网络世界中事物之间的联系是双向联系而非单向联系，是多样联系而非单一联系。网络世界的非线性特征主要表现在以下三个方面。

一是网络空间中时间空间的非线性。众所周知，物理空间是由各种物质形态构成的可感世界，这些物质有质量、有体积，存在于一定的时间空间之中。与物理空间相比，网络空间是一个由比特构成的虚拟世界。比特没有质量，没有体积，时间和空间被压缩为零，使得网络空间中的时间和空间不再具有物理空间中的一维性和三维性，失去了物理时空的线性规定，使得网络空间呈现出明显的非线性特征。网络空间中时间的非线性意味着在网络空间中的时间刻度变得模糊甚至可逆：人们生活和工作的节奏加快，过去的事件可以重新回溯，时间的灵活度、随意性、跳跃性提高，人们安排时间的自由度大大增强。网络空间中空间的非线性意味着空间距离的缩短和边界的消失，地球变成一个小小的村落，学校、社区、国家等也不再具有物理边界。

二是网络空间结构的非线性。在传统的社会结构中，信息传递往往是单极的、唯一中心的、等级化了的，信息由发布者向接受者单向逐级传递。在网络空间，社会结构是网状的和非等级化、非层次化的，网络空间中的信息传递也是网状、非等级化、非层次化的。每个终端在网络中的地位平等，它是自己的中心，同时又是其他终端的边缘，不存在统辖所有终端的唯一中心，终端与终端之间没有等级，而是各司其职、平等合作的关系。由此可见，网络空间不再是原有的金字塔式的层级结构，而是非线性的网状多维立体结构。

三是网络空间交流方式的非线性。在物理空间，信息的传递是有方向性的，信息发布者是信源，信息接受者是信宿，信息由发布者传递给接受者，二者难以形成交流；接受者有对信息加以选择的权利，却没有对信息进行加工和改造的权利。在网络空间，信息不再是静态的名词，而是动态的动词，信息交流是一个即时的、持续的和互动的过程。在这里，信息不再是一堆资料、数据、文字，而是存在于无数网络通道中的一个过程、一个活动、一种联系。信息虽然还有“源”和“流”的区分，却没有终极目的。

3. 深刻认识网络对人类社会生活的巨大影响

互联网自诞生以来，就开始对人类生活产生影响和作用，如今网络对人类生活的影响越来越深刻，就像一些学者所言：“它携带着自己特有的价值和意义，渗透到人类活动的每一个角落，并以非常的力量支配着人类的行为和观念。它无所不在、万象纷呈，构成人间迷人的现象。”时至今日，互联网早已超越了单纯的技术范畴而成为影响人类社会发展的最重要因素之一。从国家层面来说，网络已经深入到国家建设的方方面面，成为驱动经济发展的新要素、促进政治建设的新平台、提升文化水平的新途径、壮大军事实力的新手段，从而深刻地影响着国家的整体发展水平和综合竞争能力。从民众层面来说，网络已经融入人们生活的每个角落，深刻地影响着他们的工作方式和生活方式。现在，人们足不出户就可以工作和生活，自由择业、在家办公等成为新的工作方式，网上购物、网上交友等也给人们带来时尚便利的生活形态。

当然，网络带给人类的不仅是正面的、积极的影响，任何事物都具有两面性，网络同样是一把“双刃剑”。在享受网络带来的各种好处和便利的同时，也要对其负面的、消极的作用有着清醒的认识。网络能够成为国家建设的利器和民众生活的帮手，最基本的前提是网络的安全性。没有这个基本前提，网络将可能成为国家的危机之地、社会民众的灾难之所，从而使国家、社会及其成员付出沉重代价。近年来，恶意程序、网络攻击、网络泄密、钓鱼网站以及各种网络违法犯罪行为等造成的网络安全风险越来越突出，并日益向政治、经济、文化、社会、生态、国防等领域传导渗透，给国家安全和民众正常生活造成严重威胁。网络安全成为全社会共同关注和重视的一个战略性问题。我国是新兴的网络国家，网民规模大但安全意识淡薄，国家网络关键信息基础设施和技术力量薄弱，加上与西方网络强国在政治制度、意识形态等方面存在差异，使得我国成为遭受网络攻击和网络安全威胁最为突出和严重的国家之一。大力推进网络安全建设、提高网络安全水平，为早日实现中华民族伟大复兴的中国梦提供坚强的安全保障，成为刻不容缓的重大战略任务。

（二）国家安全和国家安全观

1. 国家安全

根据安全主体不同，安全可以分为个体安全、组织安全、国家安全和国际体系安全等不同层次。随着现代主权国家的产生及现代国际政治关系的形成，国家安全成为人们在理论和实践层面广泛重视的安全概念。国家安全是指维护国家的生存、主权、领土、社会制度、生活方式、价值观念以及社会、政治、经济、科技、军事等利益不受威胁的状态，是维持主权国家存在和保障其根本利益的各种要素的总和，它是国家生存和发展的基本前提。国家安全是伴随国家的产生而出现的一种社会现象，在不同的时代和不同的国家具有不同的内涵和外延。在传统意义上，国家安全主要包括政治安全和军事安全。随着“二战”后世界经济的恢复和发展以及国际形势的深刻变化，尤其是20世纪90年代网络技术的迅速发展及其对社会生活的重要影响，国家安全涉及的领域和要素不断拓展，国家安全的外延也不断扩展，不仅包括政治安全和军事安全，也包括经济安全、文化安全、社会安全、生态安全、核安全、意识形态安全、信息安全和网络安全等。

2. 传统安全观和非传统安全观

国家安全观是指人们对国家安全的威胁来源、内涵外延以及维护国家安全手段方法等问题的基本认识。由于国家安全的内涵随着历史条件的变化而不断变化，国家安全观并不是一个一成不变的概念。根据国家安全的主体、内容、手段等可以把国家安全观分为传统安全观和非传统安全观。

传统安全观，即传统国家安全观，是指国家出现之后到“冷战”结束之前这一历史时期内的各种安全思想和安全观点。传统安全观是人们认识国家安全与国际关系相关思想观念的总和，涉及的时间跨度长，包含的内容亦相当丰富。从时间意义上看，传统安全观既包括近现代以来各种国家理论和国际关系理论中的安全观点，也包括古代的各种国家安全思想；从空间意义上看，传统安全既包括欧洲思想家们的国家安全观点，也包括中国和其他国家的安全观点。传统安全观可以从以下几个方面理解。

从安全主体看，传统安全观认为国家是安全最重要的主体，一切安全问题都要以国家为中心；从安全目标看，传统安全观认为国家最终目的是最大限度地谋求权力或安全的最大化；从安全性质看，传统安全观认为主权国家间安全关系的本质是不安全的，国家必须依靠自己的力量保护其利益；从安全手段看，传统安全观认为军事手段是维护国家安全最基本、最重要的手段，国家倾向于依靠军事力量保证其国际政治目标的实现；从安全主体间的关系看，传统国家安全观认为国家在安全问题上总是处于两难境地，由于安全主体追求单边安全而非共同安全，追求单赢而非双赢或多赢，将不可避免地导致安全困境。①

随着“冷战”的结束，国家安全所处的宏观背景、影响因素和实现手段等都发生了重大变化，传统安全观面临新的变化趋势：在政治方面，全球化进程使国家和国家主权的内涵发生了重大变化，国际社会相互依赖的程度加深；在经济方面，全球金融、贸易和服务市场的监管体系更多地以市场为中心，国家的经济面临着更大的风险和挑战，国家对经济安全的保护能力不断削弱；在文化方面，信息技术及互联网的发展使得不同国家之间的文化交流大大增强，维系国家存在和发展的社会认同被不断侵蚀；在军事方面，国家之间的依赖性和共存性不断增大，冲突成本不断上升，依靠战争或运用军事手段解决问题的方式越来越受到限制。在这种背景下，产生了新的国家安全观——非传统国家安全观。非传统安全观是对“冷战”后期开始出现的不同于传统安全观的新安全思想和观念的统称，它与传统安全观相比具有以下几个特点。

一是安全主体多元化。在非传统安全观看来，不管是安全保障的主体还是安全威胁的主体，都呈现出多元化趋势。安全保障的主体不仅包括国家，还延伸到

---

① 任卫东．传统国家安全观：界限、设定及其体系［J］．中央社会主义学院学报，2004（4）：68-73.

个人、群体和国际组织，而安全威胁的主体也不再限于主权国家，有可能是一些具备经济、军事实力的政治、宗教组织，或者具备高科技手段的黑客和恐怖分子。二是安全领域综合化。非传统安全的领域不仅包括政治和军事，还包括经济、文化、社会、信息、生态等，因此非传统安全的内容也更为丰富，既包括政治安全和军事安全，也包括经济安全、文化安全、社会安全、信息安全、生态安全等。三是安全手段柔性化。非传统安全认为，军事手段虽然仍是维护国家安全的基本手段，但却不是唯一的手段，随着国家之间联系的不断深化，未来国家间冲突的解决将更多地依赖于政治、经济、科技、文化等手段的综合运用。四是安全边界模糊化。在传统安全观看来，国家安全是相互排斥的，一国的安全对于他国来说就是不安全，因而安全的边界是确定的。在非传统安全观中，国家间的联系更为紧密，各国除了自身的利益，还具有很多共同的利益，各国只有共同面对网络安全威胁并开展合作，才能确保安全，在这种情况下国家安全不再是排他的、单赢的，而可能是互补的、双赢的，国家安全的边界变得越来越模糊。

3. 总体国家安全观

新中国成立后，我国正式文件中第一次使用“国家安全”概念是在1983年第六届全国人大一次会议上的政治工作报告中，而党的文件中第一次使用“国家安全”概念是在1992年的十四大报告中。此时的“国家安全”主要是在政治安全和军事安全的意义上使用的，属于传统安全观的范畴。1997年，党的十五大报告中第一次使用了“国家经济安全”概念，标志着我国对国家安全的认识开始向非传统安全领域拓展。2004年，党的十六届四中全会通过的《中共中央关于加强党的执政能力建设的决定》强调：“坚决防范和打击各种敌对势力的渗透、颠覆和分裂活动，有效防范和应对来自国际经济领域的各种风险，确保国家的政治安全、经济安全、文化安全和信息安全。”这标志着我国非传统安全观正式确立。十八大提出的“高度关注海洋、太空、网络空间安全”则使我国非传统安全观得到进一步丰富和深化。

2014年4月15日，习近平总书记主持召开国家安全委员会第一次会议并发表重要讲话，正式提出“以人民安全为宗旨，以政治安全为根本，以经济安全为基础，以军事、文化、社会安全为保障，以促进国际安全为依托”的总体国家安全观，强调要准确把握国家安全形势变化新特点和新趋势，走出一条中国特色的国家安全道路。

在讲话中，习近平总书记对总体国家安全观进行了深入阐释，并指出："贯彻落实总体国家安全观，必须既重视外部安全，又重视内部安全，对内求发展、求变革、求稳定、建设平安中国，对外求和平、求合作、求共赢、建设和谐世界；既重视国土安全，又重视国民安全，坚持以民为本、以人为本，坚持国家安全一切为了人民、一切依靠人民，真正夯实国家安全的群众基础；既重视传统安全，又重视非传统安全，构建集政治安全、国土安全、军事安全、经济安全、文化安全、社会安全、科技安全、信息安全、生态安全、资源安全、核安全等于一体的国家安全体系；既重视发展问题，又重视安全问题，发展是安全的基础，安全是发展的条件，富国才能强兵，强兵才能卫国；既重视自身安全，又重视共同安全，打造命运共同体，推动各方朝着互利互惠、共同安全的目标相向而行。"

总体国家安全观的提出，反映了我们党和国家最高领导集体对我国所处的安全环境、安全阶段、安全条件的深刻认识，对我国要实现的安全目标、要走的安全道路的准确把握。坚持总体国家安全观，走出一条有中国特色的国家安全道路，必将为全面建成小康社会、实现中华民族的伟大复兴提供有力的保障。

（三）树立面向总体国家安全的网络安全观

在转变观念层面上，推动我国的网络安全建设不仅要有正确的网络观、国家安全观，还必须有正确的网络安全观。

1. 网络安全及其显著特征

网络安全虽然源于信息技术和网络技术，但已经不是一个纯粹的技术范畴。从网络安全提出之日起，它就不仅表现为对信息技术发展的强烈依赖，而且表现为对物理环境、对人的行为的强烈依赖。从传统的国家安全研究和网络安全的性质出发，网络安全是指国家网络信息基础设施及其上存储、流动的信息免于现实存在的破坏或者威胁，并且不会因担忧被破坏或者威胁而产生恐惧。从微观角度看，网络安全是一种集技术层面的安全、物理环境安全以及人的安全等于一体的综合安全；从国家安全的宏观角度看，网络安全兼具传统安全与非传统安全的特征，体现为国家对网络信息技术、信息内容、信息活动和方式以及信息基础设施的控制力。

随着信息技术的迅猛发展和信息化进程的快速推进，网络安全日益体现出非传统安全的显著特征。首先，网络安全是一种基础性安全。网络安全已经成为国家安全的核心内容和关键要素，并日益成为全社会所有安全的基础。可以说，没有网络安全，国家的政治、经济、军事、文化等安全将无从谈起。其次，网络安全是一种整体性安全。互联网是由海量节点构成的一个网状整体结构，只有确保网络整体中每个节点的安全，才能确保网络整体的安全。另一方面，由于网络安全主体的多元化，维护网络安全不仅是国家网络安全主管部门的责任，也是网络安全管理者和网络使用者的责任，是全社会公民的共同责任。再次，网络安全是一种战略性安全。网络安全作为国家安全的核心内容和关键要素，已经渗透到国家的政治、经济、军事、文化、社会、生态等安全之中，成为关系国家政治稳定、经济发展、战争胜利、文化繁荣的战略性安全。可以说，没有网络安全，国家安全的其他领域就得不到有效保障，也就没有国家的综合安全。最后，网络安全是一种主动性安全。网络技术的发展日新月异，任何网络安全都不是绝对的永久安全，只有站在信息技术的制高点上积极作为、主动创新，才能最大限度地确保网络安全。网络安全问题的隐秘性和非对称性也决定了国家网络安全部门必须始终处于积极防御的态势，实时感知、超前预警、快速反应、排除隐患、恢复秩序。没有积极创新和主动作为，网络安全就会处于被动之中。

2. 网络安全的辩证特性

树立正确的网络安全观，必须充分认识网络安全的辩证特性，正如习近平总书记讲话中所说的："一是网络安全是整体的而不是割裂的。在信息时代，网络安全对国家安全牵一发而动全身，同许多其他方面的安全都有着密切关系。二是网络安全是动态的而不是静态的。信息技术变化越来越快，过去分散独立的网络变得高度关联、相互依赖，网络安全的威胁来源和攻击手段不断变化，那种依靠装几个安全设备和安全软件就想永保安全的想法已不合时宜，需要树立动态、综合的防护理念。三是网络安全是开放的而不是封闭的。只有立足开放环境，加强对外交流、合作、互动、博弈，吸收先进技术，网络安全水平才会不断提高。四是网络安全是相对的而不是绝对的。没有绝对安全，要立足基本国情保安全，避免不计成本追求绝对安全，那样不仅会背上沉重的负担，甚至可能顾此失彼。五是网络安全是共同的而不是孤立的。网络安全为人民，网络安全靠人民，维护网络安全是全社会共同的责任，需要政府、企业、社会组织、广大网民共同参与，共筑网络安全防线。”①

二、科学谋划，注重顶层设计，系统构建网络安全国家战略规划

面对日益严峻的网络安全形势，许多国家结合自身网络安全状况，制定并实施了网络安全国家战略。网络安全国家战略既是国家安全战略的重要组成部分，服务于国家安全目标和国家总体战略目标，又是履行国家战略的重要手段。在网络信息高速发展及其与国家政治、经济、文化、军事、社会等紧密联系、高度融合的情况下，任何国家安全和国家发展战略目标的实现都高度依赖网络安全，网络安全国家战略日益成为国家总体战略目标实现的基础性战略。在制定并实施网络安全国家战略方面，西方发达国家走在前列。我国要实现网络强国的战略目标，必须构建符合我国实际的网络安全国家战略。

（一）网络安全国家战略的制定依据、基本内容和主要模式

网络安全国家战略是指国家行为体为实现国家总体战略目标而制定和实施的维护网络安全的一系列中长期路线方针，是一个由政策、法律、规划、指南等组成并能对国家网络安全产生刚性或柔性指导作用的多层次战略体系。对于网络安全国家战略的一般分析，可以从其制定依据、基本内容和主要模式三个方面进行。

1. 网络安全国家战略的制定依据

由于发展水平和历史传统不同，尤其是信息网络技术发展水平和国家利益的巨大差异，各国在制定网络安全国家战略时必须从本国的实际情况出发，充分考虑本国所处的安全环境、安全边界和基础实力，以此为依据，才能制定出符合本国发展要求的网络安全国家战略。

（1）安全环境

任何国家的网络安全国家战略都不能脱离本国的实际情况来制定，必须充分

---

① 习近平．在网络安全和信息化工作座谈会上的讲话［M］．北京：人民出版社，2016：16－17.

考虑本国的经济、政治、文化、军事发展水平，以及所面临的国内国际安全威胁，这是制定网络安全国家战略的现实基础。如果一个国家的信息化水平和网络使用程度较低，其面临的网络安全威胁相对来说也较低，网络安全事故所造成的损失也较小。像我国这样处于迅速发展中的网络大国，信息网络融入国家社会生活的程度相对较高，而网络核心技术却受制于人，加之与西方强国在意识形态方面的巨大差异，我国面临的网络威胁巨大，网络安全环境十分严峻。因此，我国在制定网络安全国家战略时要考虑的因素非常复杂：既要考虑国内安全威胁，也要考虑国际安全威胁；既要考虑传统安全威胁，也要考虑非传统安全威胁；既要考虑现实威胁，也要考虑潜在威胁。对网络安全环境特别是网络安全威胁的准确判断是制定网络安全国家战略的首要前提。

（2）安全边界

制定网络安全国家战略，还必须明确网络安全的边界。任何安全战略都有一定的安全边界。安全边界是指安全的范围，它确定了安全战略所要维护的基本领域和主要内容。国家安全反映的是国家的核心利益诉求，这些国家利益既包括网络虚拟空间中的国家利益，也包括物理空间的国家利益；既包括国家的安全利益，也包括国家的发展利益；既包括现实的国家利益，也包括潜在的国家利益。网络安全是国家安全的重要组成部分，网络安全国家战略的安全边界从根本上取决于国家利益，它必须在与国家利益根本一致的前提下确定自己的边界。由于国家利益总是随着实际情况的变化而动态地改变，网络安全国家战略的安全边界也必须随着国家利益的动态发展而不断调整。科学确定国家网络安全边界是制定网络安全国家战略的重要前提。

（3）基础实力

为了确保网络安全国家战略的顺利实施和效果可靠，在制定网络安全国家战略时必须从本国的实际能力出发，脱离本国实际的网络安全国家战略只是一种难以落实的美好憧憬。作为制定网络安全国家战略重要依据的国家基础力量涵盖了国家的综合实力，它既包括本国的科技发展水平，特别是网络核心技术发展水平等硬实力，也包括管理体系、人才队伍、法规制度、科学研究等软实力；既包括国家在网络空间拥有的实力，也包括国家在现实世界中经济、政治、军事、文化、外交等方面的实力；既包括国家调动和运用国内相关资源的实力，也包括国家在国际社会发挥作用和影响的实力。正确认识国家基础实力是制定网络安全国家战略的现实依据。

2. 网络安全国家战略的基本内容

从内容上看，一国的网络安全国家战略包括战略目标、战略原则、战略措施、战略保障等要素。

(1) 战略目标

战略目标是某项活动预期达成的最终结果。网络安全国家战略的目标既是一国在一定时期内网络安全所要达到的最终结果，也是国家网络安全战略的出发点和归宿。网络安全国家战略的目标反映了国家对网络安全的总体设想，指明了国家网络安全的根本方向，规定了国家网络安全建设的根本任务，是国家网络安全战略的核心要素。

(2) 战略原则

战略原则是指为达成战略目标而确立的指导战略行动的准绳和法则，主要规定战略行动的基本方式、方法和行动规范，是战略行动的理论依据。网络安全国家战略的战略原则既是一国网络安全战略的理念表达和思想指引，也是国家网络安全利益诉求的集中体现。网络安全国家战略的战略原则明确了实现网络安全国家战略目标的基本要求和方法路径，决定着网络安全战略的实施方式、实现效果和资源投入程度。

(3) 战略措施

战略措施也称战略手段，是战略决策机构为实现战略目标，在政治、军事、外交、经济、科学技术等方面所采取的各种全局性的切实可行的方法和步骤。网络安全国家战略的战略措施是国家调动相关资源、力量，保障国家网络安全的一系列具体行动，是网络安全的主体部分。一般来说，网络安全战略目的和战略原则是网络安全国家战略行动的方向、目标与纲领、准则，不是战略行动本身，只有通过战略措施将其付诸实施，才能使其贯彻落实。因此，战略措施是网络安全国家战略不可缺少的重要组成部分。

(4) 战略保障

战略保障是为实现战略目标而采取的各种保障措施的总称，是确保达到战略目标的重要条件。网络安全国家战略的战略保障是国家为了推进网络安全战略部署的各项措施落实、实现国家安全战略最终目标而从组织体系、法规制度、物力人力财力以及资源供给等方面提供的支持系统。

由于各国的具体历史传统和所处的网络安全状况不同，网络安全国家战略的内容和制定方式也不一样，战略目标、战略原则、战略措施和战略保障等要素在整个战略中的侧重和表现也不相同，各国在制定网络安全国家战略时要充分考虑本国的实际情况，只有这样，才能制定出符合本国国情并能真正保障本国网络安全的国家战略。

3. 网络安全国家战略的主要模式[①]

由于存在历史文化传统、网络安全状况、国家综合实力等的差异，各国在制定网络安全国家战略时所考虑的基本定位和实现方式有所不同，这使得各国网络安全国家战略呈现出不同的模式。

当今世界各国网络安全国家战略的基本模式主要有以下几种。

（1）扩张威慑型

实施这种网络安全战略模式的国家，为了以压倒性优势确保本国网络空间安全，将网络安全范围从本国网络空间扩张到全球网络空间，并不断强化战略威慑，以实现本国网络的主导地位和核心安全。这种网络安全战略模式对其他国家的网络安全战略产生重大影响，对国际网络安全规则的制定拥有很大话语权，甚至从理念、目标、原则、措施等方面主导着世界网络安全的发展。实行这种网络安全战略模式的国家一般都拥有强大的政治、经济、军事实力以及雄厚的网络信息技术基础。美国是实施这种网络安全战略模式的代表性国家。

（2）均衡协同型

实行这种网络安全战略模式的典型代表是欧盟及其成员国。欧盟是欧洲联盟的简称，它是由 20 多个国家组成的国家联盟。在网络安全战略方面，欧盟及其成员国均有相应的战略规划、法律法规和组织机构。欧盟及其成员国的网络安全战略一方面体现为均衡性，强调隐私信息保障和治理之间的均衡，强调网络安全与公民隐私权、自由权及其他基础人权之间的均衡；另一方面，欧盟及其成员国的网络安全战略在实施中又体现为高度的协同性，既注重欧盟与其成员国之间、成员国与成员国之间的相互协同，也注重欧盟及其成员国与美国、联合国等之间

① 惠志斌．全球网络空间信息安全战略研究［M］．上海：上海世纪图书出版公司，2015：202－208.

的相互合作，共同推动国际网络信息安全进程。

（3）综合遏制型

俄罗斯是实行这种网络安全战略模式的典型国家。俄罗斯国家安全战略一直处于调整之中，大体上经过了向西方“一边倒”战略到“确保大国地位”战略，再到“多极化”战略和“逐渐强硬”战略。俄罗斯的国家安全战略在网络安全领域中的反映表现出明显的“综合遏制”特点：对内构建宏大的战略保障体系，以此为抓手维护国家在政治、军事、经济等各领域的综合安全；对外不主动寻求与美国等强国的直接战略对抗，通过提升网络信息战能力和牵头推进国际网络安全规划等措施维护其在网络空间的大国地位和影响力，体现出其遏制美国战略扩张的意图。近年来，俄罗斯高度重视网络空间信息安全战略的研究和实践，在结合自身国力和战略规划的基础上，综合遏制型网络安全战略表现得更加明显。

（4）自主务实型

实行这种网络安全战略模式的一般为新兴的发展中国家，如印度、巴西等。新兴发展中国家互联网发展迅猛，信息网络对国家社会生活的影响极速扩大，但这些国家网络基础能力较弱，尤其是网络安全技术相对落后，因而网络安全形势十分严峻，网络攻击、网络色情、网络金融诈骗等方面的问题尤为突出。为了应对网络发展和网络安全的双重挑战，这些新兴发展中国家大都从本国实际状况出发，制定和实行自主务实的网络安全国家战略，注重本国制度建设和能力建设，以自主发展保障网络安全，并发挥政府在应对网络安全威胁方面的核心作用。

（5）封闭激进型

实行这种战略的国家主要有朝鲜、伊朗等。由于历史和现实的原因，这些国家长期处于封闭与半封闭状态。自身经济落后，实力不强，有发展自己的愿望，但是严峻的外部环境又使他们背负着生存的压力。在网络安全方面，由于其网络信息产业和技术十分落后，应对国内外网络犯罪、网络攻击和网络渗透的能力严重不足。这种状况使他们实行了“封闭激进型”网络安全战略模式，一方面通过网络隔离等手段保护本国网络信息安全，另一方面大力加强网络战能力，并在必要时采取比较激进的策略，最大限度地保护自己的网络安全和国家安全。

综上所述，一个国家制定和实施的网络安全国家战略既与该国所处的网络安全环境密切相关，也受其历史传统、综合实力的直接影响。

（二）我国网络安全国家战略的基本设想

我国至今尚未颁布实施自己的网络安全国家战略。面对网络安全问题的严峻挑战和世界范围内网络安全战略格局的深刻调整，制定和实施具有中国特色的网络安全国家战略成为刻不容缓的重大任务。我国网络安全国家战略的设计，尤其是在战略目标、战略原则、战略措施的设定上，既要充分借鉴吸收世界其他国家网络安全战略的优秀成果和有益经验，又要切实立足我国的基本国情和发展现状；既要遵循网络安全保障的特点和规律，又要体现我国的国家利益诉求，确保与国家整体安全战略和发展战略保持协调一致。

1. 我国网络安全国家战略的目标

我国网络安全国家战略目标的确定，必须着眼于实现“两个一百年”奋斗目标和中华民族伟大复兴的中国梦，以习近平同志提出的总体国家安全观为指导，以网络信息技术发展规律和国际网络安全发展大趋势为依据，切实维护我国在网络空间的国家利益。

基于上述前提，笔者认为，我国网络安全国家战略的目标可以概括为：与网络信息技术变革和国际网络安全发展趋势相适应，坚持安全与发展并重，坚持积极防御、综合防御和纵深防御，以确保国家关键基础设施安全和建设信息内容健康、安全秩序可控的网络空间为核心，以网络安全组织管理体系、法规制度体系、关键基础设施安全保障体系、网络信息技术研发体系、人才支撑体系以及网络安全产业集群、网络社会文化和环境建设等为重点，全面形成并提升国家网络安全防御能力、网络信息技术自主能力、网络舆情管控能力和网络空间战略威慑能力，建设网络强国，促进国民经济健康快速可持续发展和维护社会稳定，保障中国特色社会主义事业顺利进行。

2. 我国网络安全国家战略的原则

我国网络安全国家战略原则的制定，既要注重体现通用的国际话语，充分重视和运用其他国家普遍采用的原则，更要立足我国的实际情况和战略需求，符合我国的国家利益。我国网络安全国家战略的原则包括以下几个方面。

（1）价值取向原则

网络是现实社会的虚拟，网络空间网民众多，利益交错，思想杂陈。我国是以马克思主义为指导、中国共产党领导的社会主义国家，我国制定的网络安全国家战略必须坚持马克思主义在网络空间意识形态中的核心指导地位，大力倡导和弘扬社会主义核心价值观，发展积极向上的网络文化，塑造一个开放健康、充满活力的网络环境，抑制网络不良信息的侵蚀和敌对意识形态的渗透。

（2）利益均衡原则

我国的网络安全国家战略必须坚持维护国家网络安全，同时要注重宪法和法律赋予公民和企业在获取网络信息方面的自由和权利，在确保国家安全利益的同时切实保护企业的商业秘密和公民的个人隐私。

（3）依法治理原则

我国的网络安全国家战略必须将网络安全保障纳入法制轨道，运用法制手段解决网络安全问题，建立健全网络安全法规制度体系，不断增强法律法规的完整性、权威性和有效性，切实做到有法可依、有法必依、执法必严、违法必究，不断推进网络空间治理体系和治理能力现代化。

（4）自主可控原则

我国网络安全国家战略的自主可控原则包括两个方面：一是我国不受他国影响和干涉，独立自主地制定网络空间法律法规、设定网络安全战略目标、选择网络安全战略模式、制定网络安全战略原则，具有独立自主地处理一切网络空间事务的权力；二是我国在发展网络信息技术方面具有自主创新、自主研发、提高国产化产品和服务使用率的权利，能够独立自主地对国外网络信息产品和服务进行安全审查和检测评估，并采取必要的防范措施，将可能存在的安全风险降到最低，控制在可承受的范围之内。

（5）开放合作原则

在网络时代，只有立足开放环境，加强对外交流、合作、互动、博弈，吸收先进技术，网络安全水平才会不断提高。因此，我国的网络安全国家战略应以包容的心态坚持网络安全领域的多元化合作，要从“双赢”“多赢”的角度出发，寻求我国在网络空间和其他国家利益的共同点，为我国网络安全保障体系建设最大限度地减少阻力，避免陷入“安全困境”，导致网络空间的“新冷战”。

3. 我国网络安全国家战略的重点措施

网络安全是世界性难题，需要各国共同面对。一个国家的网络安全战略措施

既要统筹全局着眼长远，遵循客观的网络安全保障规律，也要根据本国的网络安全战略目标和战略原则突出重点、有所侧重，具有现实针对性。根据我国网络安全战略的目标和原则，结合国际网络安全战略的一般情况，我国网络安全国家战略的重点措施主要包括以下几个方面：注重顶层设计，加强统一领导和综合协调，建设党政军协调联动的网络安全组织管理体系；加大投入，强化技术支撑，开发自主可控的网络核心技术；依法治网，优化治理模式，全面加强网络安全法律制度建设；强基固本，坚持以人为本，切实加强网络安全人才队伍建设；重点强化关键基础设施安全防护，加快构建关键信息基础设施安全保障体系；提升预警发现、应急响应和溯源反制能力，建设攻防兼备、协同联动的监管防护体系；加快突破核心关键技术，建设自主可控、安全可靠的网络信息技术研发体系；协同共建，借力国际合作，建设和平安全开放合作的网络空间；提升全民网络安全意识和技能，全面打赢网络安全人民战争。

三、加大投入，强化技术支撑，开发自主可控的网络安全核心技术

互联网核心技术是网络安全最大的“命门”，核心技术受制于人是我国最大的隐患。我国要建设网络强国，必须掌握网络安全的主动权，彻底突破核心技术这个难题，争取在网络核心技术的某些领域、某些方面、某些环节实现“弯道超车”。

（一）我国网络安全核心技术的现状

核心技术是某一企业或行业中最为关键的技术，主要包括三个方面：一是基础技术、通用技术，二是非对称技术、“杀手锏”技术，三是前沿技术、颠覆性技术，如网络安全领域的操作系统、CPU 芯片技术、路由器等就属于核心技术。

1994 年，我国全功能接入互联网，正式进入互联网时代。20 多年来，我国互联网发展取得了显著成就，在世界互联网企业前 10 强中，我国占了 4 席，但与世界先进水平相比，还存在不小的差距，尤其是在网络技术方面，我国网络技术相对落后、核心技术对外依存度高的基本状况没有得到根本改变。CPU、操作系统、数据库、路由器等关键软硬件产品严重依赖国外，部分行业高端设备几乎全部采用国外产品。《中国经济周刊》整理了 2001 年以来的公开信息，发现以思

科、IBM 等为代表的美国“八大金刚”在中国已经渗透到各个行业。电信及互联网是“八大金刚”出没最多的行业，三大运营商、电商、门户网站、社交网络和“八大金刚”都有不同程度的合作，腾讯、阿里巴巴、百度、新浪等排名前 20 的互联网企业，思科设备占据约 60%的份额。不仅如此，“八大金刚”与我国政府部门、军工企业、高校都有相当程度的合作。

“八大金刚”中“最为可怕的是思科”，文章写道，“在金融行业，中国四大银行及各城市商业银行的数据中心全部采用思科设备，思科占有金融行业 70%以上的份额；在海关、公安、武警、工商、教育等政府机构，思科的份额超过50%；在铁路系统，思科的份额约占 60%；在民航领域，空中管制的骨干网络全部为思科设备；在机场、码头和港口，思科占有 60%以上的份额；在石油、制造、轻工和烟草等行业，思科的份额超过 60%，甚至很多企业和机构只采用思科设备；在电视台及其他传媒行业，思科的份额更是达到 80%以上……”

在软件系统方面，微软等公司在中国几乎做到了全覆盖。当前，我国包括政府部门、军队、武警、军工企业等在内的所有单位几乎 100%使用美国微软的操作系统和办公软件。一些储存重要信息的数据库软件以及工业控制系统均为西方高科技公司所研发。①

“八大金刚”都或多或少地具有美国官方背景，他们是美国政府或军方的合作伙伴，在多次网络攻击演习或实战中扮演了重要角色。尤其是思科，与美国政、军两界关系密切，堪称美国政、军界的“亲密伙伴”，而微软与美国政府的配合也常常高度默契。一旦美国滋生事端，对我国发动网络攻击，其结果可想而知。正如习近平总书记所说：“如果核心元器件严重依赖外国，供应链的‘命门’掌握在别人手里，那就好比在别人的墙基上砌房子，再大再漂亮也可能经不起风雨，甚至会不堪一击。”②

（二）发展我国网络安全核心技术的措施

我国网络安全核心技术虽然相对落后，对外依存度高，但也有自身的优势。我国信息技术产业体系相对完善、基础较好，在一些领域已经接近或达到世界先

---

① 白朝阳．思科、IBM 等美“八大金刚”渗透中国网络各个环节［EB/OL］．（2013－06－25）［2016－09－25］．http://news.xinhuanet.com/fortune/2013－06/25/c_124906836.htm.

② 习近平．在网络安全和信息化工作座谈会上的讲话［M］．北京：人民出版社，2016：10.

进水平，市场空间很大，有条件也有能力在核心技术上取得更大进步。只要我们有决心、恒心、重心，超前部署、集中攻关，很可能实现从跟跑并跑到并跑领跑的转变，在网络安全核心技术上取得突破。

1. 集中优势资源，力争核心技术有所突破

我国是中国共产党领导的社会主义国家，与西方国家相比，我们最大的优势是能够统筹协调全社会的资源和力量，办成别人想办而办不成的大事情。在新中国的历史上不乏这样的成功壮举，“两弹一星”就是典型代表。这为我们在网络核心技术方面取得突破提供了成功经验。如今，我们同样可以发挥举国体制优势，采取类似“两弹一星”的研制模式，组织专门队伍，集中优势资源，明确时间表和路线图，自主研发和推广应用芯片技术、操作系统、安全终端产品等关系我国国家安全和根本利益的核心技术和产品，形成我国自主研发、自主生产、自主部署、性能先进、自主可控的网络信息技术、网络终端产品和网络信息平台，彻底摆脱我国网络核心技术依存度高、受制于人的被动局面。

2. 加大投入力度，有效促进管产学研紧密结合

与西方网络强国特别是美国相比，我国在网络安全科技研发方面的经费投入差距较大，无法满足日益严峻的网络安全形势的需要，导致一些重要科研项目进展缓慢。近年来，虽然在核心技术研发上增加了投入，但效果并不明显，究其原因，主要是国家对网络安全产业发展缺乏统一指导和管理，对科研生产企业支持力度不够，科研生产企业自身“造血”功能不足，网络安全产业缺乏龙头和核心企业，因而我国网络安全产业缺乏竞争力。

要使我国的网络核心技术取得突破性进展，彻底摆脱受制于人的被动局面，必须加大网络核心技术研发的投入力度，同时加强统筹协调，有效促进管、产、学、研之间的紧密结合。具体来说，就是由国家统一下达网络安全重大科研项目目录，相关职能部门分头组织实施，项目完成之后由国家统一验收。但这些“核心技术研发的最终结果，不应只是技术报告、科研论文、实验样品，而应是市场产品、技术实力、产业实力”。[①] 国家要积极推进核心技术成果转化和产业化，

① 习近平．在网络安全和信息化工作座谈会上的讲话［M］．北京：人民出版社，2016：13－14.

在国家基础信息网络和重要信息系统以及党政机关率先推广使用具有自主知识产权的网络安全产品和系统，并对相关企业给予支持，带动从基础产品到应用产品和服务的具有完全自主知识产权产业的发展。

3. 推动强强联合，协同攻关

“要打好核心技术研发攻坚战，不仅要把冲锋号吹起来，而且要把集合号吹起来，也就是要把最强的力量积聚起来共同干，组成攻关的突击队、特种兵。”① 核心技术是国之重器，最关键、最核心的技术要立足自主创新、自立自强。但自主创新并不是关起门来搞研发，而是开放创新。在核心技术研发上，强强联合比单打独斗效果要好。推动强强联合、协同攻关可以采取多种方式，既可以组建产学研用联盟，如“互联网＋”联盟、高端芯片联盟等，加强战略、技术、标准、市场等的沟通协作，协同创新攻关，也可以探索实行“揭榜挂帅”，把需要的关键核心技术项目张出榜来，让有能力的人脱颖而出。在这方面，既要发挥国有企业的作用，也要发挥民营企业的作用，还可以两方面合作。可以探索更加紧密的资本型协作机制，成立核心技术研发投资公司，发挥龙头企业优势，带动中小企业发展，既能解决上游企业的技术推广应用问题，也可以解决下游企业的“缺芯少魂”问题。

四、依法治网，优化治理模式，全面加强网络安全法律制度建设

网络空间是亿万民众共同的精神家园，谁都不愿生活在一个充斥着虚假、诈骗、攻击、谩骂、恐怖、色情、暴力的空间中。要维护我国网络安全，建设网络强国，必须抓紧制定立法规划，完善互联网信息内容管理、关键信息基础设施保护等法律法规，依法治理网络空间，维护公民合法权益。

（一）网络发达国家网络安全法律制度建设概况

为了更清晰地认识我国网络安全法律制度建设的现状，使我国网络安全法制建设具有更为明确的针对性和更加宽广的国际视野，下文先介绍网络发达国家网

① 习近平．在网络安全和信息化工作座谈会上的讲话［M］．北京：人民出版社，2016：14.

络安全法制建设的概况。

由于政治体制和法制传统方面的差异，西方各国在网络安全立法方面追求的目标和采取的模式并不完全一致。随着网络安全问题日益突显，各国普遍重视通过网络安全领域立法强化网络安全保障，维护国家安全利益和保障公民个人信息安全。

1. 西方国家网络安全法制建设总体情况

从网络安全法律法规建设情况来看，一方面，西方各国对现行法律法规进行修订，补充维护网络安全方面的条款；另一方面，各国根据网络信息技术的发展和网络安全形势的变化制定出台了一批网络安全法律法规，包括综合性法律和针对某些具体领域的专门法律。如美国在2010年通过《网络安全法案》，提出了针对联邦信息系统安全和关键基础设施网络信息系统安全的一系列保护措施，并通过《网络安全加强法案》，对关键基础设施保护、网络安全研发和网络人才培养、参与国际网络安全标准建设等进行了规范。美国在2013年通过了《网络安全和美国竞争力法案》、2014年通过了《网络安全人员评估法案》《网络安全保护法案》《联邦网络安全管理》《网络安全促进法案》等，构筑起了目前世界上最为健全的网络安全法律法规体系。俄罗斯于1995年颁布了《信息、信息技术和信息网络防护法》，并在2006年根据形势变化进行了修订，界定了信息领域相关概念，对信息收集、获取、生产和传播等方面涉及的法律关系进行调节，对信息技术使用和公民、社会组织的信息安全保障进行规制，提出了调整信息法律关系应遵循的基本原则，确立了俄罗斯网络安全领域立法的基本规范。德国于1997年通过了《信息和通信服务规范法》，包括网络服务供应商责任、个人数据保护、数字签名、网络犯罪以及保护未成年人、版权等内容。日本于2000年出台并于2001年实施了《构建先进信息和通信网络社会基本法》，全面统筹日本信息化建设，确保信息通信网络的安全性和可行性；2013年正式发布《网络安全战略》，提出了创建“领先世界的强大而有活力的网络空间”，实现“网络安全立国”的目标；同年颁布了《特定秘密保护法案》，以防止涉及国家安全的特定秘密信息发生泄露；2014年通过《网络安全基本法》，规定电力、金融等重要社会基础设施运营商、网络相关企业、地方自治体等有义务配合网络安全相关举措或提供相关情报，此举旨在加强日本政府与民间在网络安全领域的协调，更好地应对网络攻击。

2. 西方国家网络安全法律法规的基本内容

各国网络安全法律法规的内容主要包括国家关键基础设施保护、政府机构网络信息系统保护、个人数据安全等方面。

(1) 国家关键基础设施保护方面的法律法规

在这个方面，美国的表现尤为突出。美国在1996年就颁布了《国家信息基础设施保护法案》，1998年克林顿政府又颁布了总统令《关键基础设施保护》，成为美国关键基础设施保护领域的重要指导性文件。进入21世纪以来，美国分别于2001年和2002年出台了《关键基础设施保护法》和《关键基础设施信息保护法》，白宫也相继发布了总统行政命令《信息时代的关键基础设施保护》(2001年)、《关键基础设施的标识、优先级和保护》(2013年)、《关键基础设施安全性和恢复力》(2013年)。这些法案和总统令为美国的关键基础设施保护构建了坚实的法制保障框架，为美国国家战略中相关措施的落实奠定了基础。

(2) 政府网络信息系统保护方面的法律法规

在这一方面，美国的表现同样抢眼。早在1977年美国就颁布了《联邦计算机系统保护法》，将联邦计算机系统纳入法律保护范畴，后来又相继颁布了《计算机安全法》(1987年)、《政府信息安全改革法案》(2000年)、《联邦信息安全管理法案》(2002年)，为保护美国联邦信息及信息系统安全提供了较为完整的法律框架。俄罗斯对联邦政府网络安全领域的立法工作也十分重视，早在1994年就通过了《政府通信和信息联邦机构法》，将政府信息安全纳入国家安全管理范围。德国在2009年颁布了《联邦信息技术安全加强法案》，以此加强对联邦机构网络安全的保护。

(3) 个人信息安全方面的法律法规

西方国家网络安全战略的重要原则之一是在维护国家安全和保障公民个人隐私之间寻求平衡，主要表现是通过立法对国家权力的滥用予以限制，保护信息网络环境下的个人信息安全。如美国先后颁布了《隐私权法》(1974年)、《电子通信隐私法》(1986年)、《儿童网络隐私保护法》(1998年)。英国在1984年制定了《数据保护法》。欧盟分别于2000年、2006年颁布了《隐私与电子通信指令》《数据留存指令》两部法令，并在“棱镜”事件曝光后推出了《通用数据保护条

例》，禁止谷歌、苹果等公司在未经欧盟许可的情况下将欧洲国家、个人数据传送给第三国官方。俄罗斯在2014年通过了《个人信息保护法》修正案，要求互联网络服务商必须将收集到的俄罗斯公民个人数据存储在俄罗斯境内的服务器上，并且必须告知存储这些数据的服务器的具体位置。德国、加拿大、日本等国也制定了保护个人数据安全的法律。

（二）我国网络安全法律制度建设的现状和主要问题

我国关于网络安全最早的专门立法是1994年2月18日发布施行的行政法规《计算机信息系统安全保护条例》。迄今为止，我国已经颁布了50多部与互联网、网络安全相关的政策法规，特别是2016年11月7日《中华人民共和国网络安全法》的颁布，标志着我国在立法层面向完善国家网络安全战略部署、提高网络安全工作法治化水平迈出了重要步伐。从我国网络安全法治化的现状来看，伴随国家信息化发展，我国初步形成了覆盖网络与信息安全、电子商务、电子政务、互联网治理、信息权益保护等信息社会核心领域的规范体系。但与世界网络发达国家相比，与我国网络安全的信息化建设的现实需要相比，我国的网络安全法律法规体系有待完善，还存在与我国网络安全和信息化发展水平不相适应的情况，主要表现在以下几个方面。

1. 网络安全法操作性不够，某些领域存在法律空白

由于网络安全职能部门多，各部门工作重点和目标要求不一，各部门之间既需要各司其职、分工负责，又需要统一协调、共同协作，这就需要一部既覆盖全局又具有原则性、普遍性，同时适合各部门各单位，且具有操作性和针对性的综合性安全法律或体系化、配套化的系列化安全法律的出台。2016年11月7日颁布实施的《中华人民共和国网络安全法》是我国首部网络安全综合性立法文件，确立了我国保障网络安全的基本制度框架，但其中对部门职责的划分仍然比较模糊，对网络安全的实施办法仍然比较抽象，实施效果还需假以时日；在网络安全战略、网络信息服务、网络安全保护、网络社会管理、数据保护、政府信息共享、公共信息资源开放、公民隐私和信息保护、中小企业信息化管理等方面还缺少相应的政策法规，特别是在一些新领域、新行业、新业态还存在着安全制度的空白，譬如包括大数据、云计算、物联网、三网融合等新技术、新应用在内的安

全问题，仍然存在管理和制度上的盲区。

2. 网络法规协调不佳，“九龙治水”情况没有根本改变

我国一直缺少管理互联网的统一机构，使得我国网络安全相关法律规范系统性差，缺乏立法的整体规划和基本框架。有关网络安全的规范性文件较多，效力层级较低，且相关内容缺少关联和衔接。我国不少省级政府部门制定了信息化促进条例等地方性法规，但由于没有国家层面的信息化促进条例等全国性法规，这些地方信息工作缺少统筹协调。2014 年 2 月 27 日，中央网络安全和信息化领导小组成立，由习近平总书记任组长，我国网络安全和信息化建设由此进入了顶层设计的新时期。但由于长久以来形成的“政出多头”管理体制的影响，我国互联网领域“龙龙治水”的局面在短时间内仍然难以得到根本改观。

3. 现有法律法规与国际规则衔接不够

当前，网络国际秩序正处于重构阶段，各国之间正在进行各种利益的博弈。我国要推进“和平、安全、开放、合作”的网络国际秩序，必须加快推进网络空间法治化进程，实现我国法律法规与国际规则的有效衔接。但是由于我国缺乏网络空间主权理论方面的研究，缺乏针对网络霸权的规则反制和国际合作机制问题的研究，我国现在的法律法规与国际网络相关规则缺少衔接。网络空间治理是全球性问题，需要加强国际合作，这就要求我们不断完善国内法律体系，尽快与国际规则接轨。

（三）我国网络安全法律制度建设的思路

党的十八届四中全会明确提出了“科学立法、严格执法、公正司法、严格守法”的新十六字法治建设方针，要求形成完备的法律规范体系、高效的法治实施体系、严密的法治监督体系、有力的法治保障体系，形成完善的党内法规体系。四中全会的这些要求对于我国网络安全法制建设具有重要指导意义。

1. 确立网络安全与信息化法制建设的指导思想

以建设网络强国为目标，坚持发展是第一要务，以发展的思路和标准解决网络安全建设过程中面临的各种矛盾与问题，处理好安全与发展之间的关系，以发

展促安全，以安全保发展。同时，要坚持依法治国、依法执政、依法行政共同推进，法治国家、法治政府、法治社会一体建设，实现科学立法、严格执法、公正司法、全民守法的网络安全法制建设基本要求。准确认识和把握网络社会与信息化本身的客观规律，提高网络安全法制建设的有效性和科学性，实现网络安全治理体系与治理能力的现代化。

2. 制定网络安全法制建设的具体措施

结合网络发达国家网络安全法制建设的成功经验，根据我国网络安全法制建设的现实需要，当前我国网络安全法制建设的具体措施主要包括以下几个方面。

首先，加快制定信息安全基本法律，填补网络新兴领域的法律空白。我国网络安全法制建设目前存在的各种问题与缺乏统筹协调有很大的关系。为此，应尽快启动制定《网络安全与信息化法制建设实施纲要》，明确时间表、路线图与任务分工等基本内容，作为中央网络安全与信息化领导小组推动网络安全与信息化法制工作的纲领性文件。同时，加快制定《电信法》《电子商务法》《个人信息保护法》《政府数据开放条例》等法律法规，研究制定《信息化推进基本法》《电子政务法》《互联网信息内容服务与管理法》《密码法》等信息化基本法律，实现信息化法律关系主要依靠基本法律支撑的结构性改变。

其次，开展政策法规清理。由中央网信办牵头，全国人大、国务院法制部门和网络安全相关职能部门参与，对现行网络安全政策文件和法律法规、部门规章进行集中清理；加快对不适应信息化发展的现行法律法规的修改与废止，提高信息化立法的质量，推动信息化立法不断完善。

再次，大力加强信息安全执法能力建设。加强对国家机关工作人员信息安全知识的培训与教育，提高信息安全管理能力；通过执法方式改革与手段创新，建立实时风险监测、预警与预测，推行过程监管，加强部门信息共享与执法合作；扩大信息化执法国际交流与合作，推动建立公正、透明的国际互联网治理体系；规范执法程序，明确裁量基准，强化执法监督，并通过严格的行政执法责任追究，切实解决执法不作为、乱作为与执法谋私等现象。

最后，强化网络社会自觉守法意识宣传与教育。以多种形式开展信息安全法律宣传教育，弘扬法治价值，促进社会公平正义，处理好维稳与维权的关系；提倡文明上网、理性上网、公平竞争、合法经营、规范执法，减少直至杜绝选择性执法现象；全面树立“网络无边界、法律无死角”的观念，提高全社会自觉守法的意识。

五、强基固本，坚持以人为本，切实加强网络安全人才队伍建设

人才是第一资源。“国以人兴，政以才治。”网络空间的竞争，归根结底是人才的竞争，网络安全人才数量的多少和质量的高低关系到国家网络安全和整体利益。作为网络新兴大国，我国对网络安全人才的需求十分迫切，我们要借鉴网络发达国家在人才培养方面的成功经验，从我国网络安全和国家利益出发，切实加强网络安全人才队伍建设，为我国的网络强国战略服务，为早日实现“两个一百年”宏伟目标和中华民族伟大复兴的中国梦提供坚强的网络安全保障。

（一）网络发达国家网络安全人才建设概况

目前，网络空间的竞争和较量日益成为人才的竞争和较量，网络发达国家网络安全战略中普遍就培养网络安全人才作出战略部署，并通过专业培训、委托培养和大赛选拔等方式强化网络安全人才储备。研究网络发达国家在网络安全人才方面的主要做法和成功经验，对于探索我国网络安全人才建设工作有着重要的借鉴意义。网络发达国家网络安全人才建设的主要做法有以下几种。

1. 美国：全方位实施网络安全人才建设

美国是当今世界网络实力最强的国家，各方面的网络安全保障都需要大量的网络安全人才，因此美国对网络安全人才建设非常重视，从各方面加强网络安全人才建设。

首先，美国特别注重网络安全人才建设的顶层设计，制定并实施了全面的网络安全人才培养战略，颁布了一系列网络安全人才方面的法案和战略文件。2010年3月，美国通过了《网络安全法案》，要求政府机构和私营部门鼓励培养网络安全人才，开发网络安全产品和提供服务。2011年7月，美国国防部发布《网络空间军事行动战略》，将建设网络空间高科技人才队伍作为战略任务之一。同年9月，美国国土安全部和人力资源办公室牵头提出《网络安全人才队伍框架

（草案）》，明确了网络安全专业领域的定义、任务及人员应具备的“知识、技能、能力”，对开展网络安全专业学历教育、职业培训和专业化人才队伍建设起了重要的指导作用。2012 年 9 月，美国专门针对网络安全人才队伍建设发布了“NICE 战略计划”，明确提出对普通公众、在校学生、网络安全专业人员三类群体进行教育和培训，以提高全民网络安全的风险意识、扩充网络安全人才储备、培养具有全球竞争力的网络安全专业队伍。2015 年 4 月，美国国防部又发布了《国防部网络战略》，其中提到，国防部要充分利用 2013 年对网络人才和技术培训进行的大规模投资，并招募和留任高技能平民人员。

其次，美国十分重视推进高校网络安全人才教育。高等院校是培养网络安全人才的首选之地。美国高等教育发达，知名高校众多，其中相当一部分高校如加利福尼亚大学、麻省理工学院、斯坦福大学、爱达荷大学、美国国防大学等都设置有网络安全专业。美国高校培养网络安全人才的主要模式有两种：一种是“核心课程＋课程模块”模式，这是美国高校在网络安全专业教学中普遍采用的模式，类似于我国高校“基础课＋专业方向选修课”的培养模式。另一种是“知识传授＋科学创新＋技术能力”模式，这种模式对网络安全人才培养提出了更高的标准，除了要求受训人员掌握网络信息相关的系统知识，还要求具备创新能力和实际操作能力。

最后，美国十分重视通过职业培训加强网络安全人才建设。美国拥有世界权威的网络安全职业培训认证资质，包括国际注册信息系统安全师认证（CISSP）、国际注册信息系统审计师认证（CISA）、计算机专业认证、网络安全专家认证等。美国著名企业针对其网络安全产品也开展了不同层面的认证培训，如思科公司具有 CCNA Security（思科网络安装和支持认证助理）、CCNP Security（思科认证网络专业人员）、CCIE Security（思科认证互联网专家）三个等级的网络安全系列认证资质，甲骨文公司职业发展课程主要针对 Oracle 数据库管理、维护与开发工作。

2. 欧盟：不拘一格建设网络安全人才队伍

2013 年 2 月欧盟发布了《网络安全战略》，提出了网络安全人才建设的战略规划。《网络安全战略》要求各成员国从国家层面重视网络安全方面的教育与培训，学校要对计算机科学专业学生进行网络安全、网络软件开发以及个人数据保护方面的培训，对公务员进行网络安全方面的培训。英国要求将网络安全纳入各级立法和教育工作主要活动之中，启动了一系列人才培养和认证计划，在大学培养网络安全人才，对指定培养的博士进行资助，对网络安全和信息保障方面的专家开展认证，以提升信息保障和网络安全专业人员的技能水平。英国情报机构还协助建立了网络安全研究院，并于2014年下半年授权6所英国大学设立“网络间谍”硕士专业；军方也发起“网络空间预备役”计划，旨在招募和培养网络安全方面的高端人才。德国、荷兰等欧盟国家也都提出了自己的网络安全人才培养计划。

3. 日本：多途径培养网络安全人才

作为网络大国的日本也十分重视从国家层面规划网络安全人才的培养和人才队伍的建设。日本2011年发布的《保护国民网络安全》文件提出，为了提高普通用户的网络安全知识标准，必须培养一批网络安全人才；采用通用人才评估和教育工具、大学与产业合作开发的实用型培养方法等培养网络安全专家，制定适用于各行各业的网络安全专家培养计划，并考虑建立保障中长期网络安全专家候选人系统。日本于2016年3月31日正式确立网络安全人才培养计划，该计划的主要内容是在未来4年内培养近千名网络安全领域的专家，并着眼于2020年东京奥运会和残奥会努力加强网络攻击应对态势。根据此培养计划，日本政府将设置一项新制度，从2017年起对相关职员给予收入上的优待。该计划还要求日本政府各部门制定培养项目，设立“网络安全与信息化审议官”一职统管人才培养等工作。

日本还通过举办各种形式的黑客大赛发现和招募应对网络攻击的高技术人才。日本网络受到黑客的频频攻击，在这种情况下，通过黑客比赛，发掘能够保护日本的“正义黑客”，成为日本政府发现和招募网络安全人才的重要方式。首届黑客大赛（黑客技术竞技大会）于2012年进行，由日本经济产业省牵头举办。2016年度由日本最大的个人及企业安全软件公司TrendMicro组织的世界顶级黑客大赛于10月26日在东京举办，腾讯科恩实验室代表队摘得桂冠，获得了“The Master of Pwn”（破解大师）的称号。

日本也同样通过高等教育和社会培训培养网络安全人才。日本国立、公立的综合性大学如著名的日本大学、东京大学、早稻田大学等都设有网络安全相关专业培养专业人才。除此之外，日本还设立了专门培养网络安全人才的私立大学，如日本网络安全大学，设有培养网络安全硕士和博士的研究生院。在社会培训方面，日本文部科学省从2007年起就开展了“研究与实践结合培养高级网络安全人才项目”，3所大学与11家企业联合开展网络安全人才教育培训，通过该项目建立了网络安全优秀人才认证制度。

4. 俄罗斯：着力打造世界一流的网络安全人才队伍

俄罗斯制定了网络安全专业人员培养和进修教育标准，在各级教育机构开设信息安全课程，将网络信息安全领域的信息安全、计算机安全、信息安全自动化系统、信息安全分析系统、电视通信系统的信息安全、信息防御系统方法和密码学7个专业作为国家教育和科技工作的优先发展方向。为了应对其他国家对俄罗斯的网络攻击，防范各种网络威胁，2013年3月俄罗斯国防部成立了由大学生组建的“科技连”，并于同年7月开始在莫斯科周边及沃罗涅日茹科夫斯基空军学院服役。俄罗斯还积极利用无犯罪前科且拥有高超水平和丰富经验的网络专家即“白色黑客”来应对网络攻击。这些“白色黑客”负责对政府部门的网站防护能力进行定期检查，建立防御外部国家级或企业级针对俄罗斯信息系统发起的计算机攻击检测系统。

（二）我国网络安全人才建设的现状和问题

党中央、国务院历来重视我国网络安全人才建设问题。20多年来，我国网络安全人才建设取得了明显成效。2015年6月11日，国务院学位委员会、教育部正式发文，在“工学”门类下增设“网络空间安全”一级学科，在四川大学、西安电子科技大学、北京邮电大学、上海交通大学、解放军信息工程大学等高校开展了网络安全人才基地建设，为系统化、科学化地开展网络安全人才高等教育奠定了基础，使我国在网络安全学科建设方面取得了重要突破。在资格认证方面，我国开始了注册信息安全专业人员（CISP）、注册信息安全管理师（CISM）和国家信息安全技术水平（NCSM）、全国网络技术水平（NCNE）等资格认证考试，初步形成了网络空间安全职业培训和认证体系。

然而，与世界网络发达国家相比，我国网络安全人才建设还存在很大的差距，网络安全人才数量缺口较大，高层次人才严重不足，网络安全人才培养培训体系不完善，难以满足我国“加强网络空间安全人才建设”的战略需求。我国网络安全人才培养方面存在的主要问题表现在以下几个方面。

1. 国家层面网络安全人才培养统筹不足

2014 年 2 月，由习近平总书记任组长的中央网络安全和信息化领导小组正式成立，在中央层面设立了一个更强有力、更具权威性的机构，体现了我国最高领导集体全面深化改革、加强顶层设计的意志，显示出保障网络安全、维护国家利益、推动信息化发展的决心，标志着以规格高、力度大、立意远来统筹指导我国迈向网络强国的发展战略。然而，由于我国网络安全“九龙治水”模式的长期影响，国家层面的网络安全人才培养缺少统筹规划和长远考量，网络安全主管部门从各自的角度制定规划及相关政策，缺少必要的协作与沟通。强化网络安全人才培养的顶层设计，加强网络安全职能部门间的统筹协调，是我国网络安全人才培养建设必须完成的紧迫任务。

2. 网络安全人才数量奇缺

我国是网络大国，网民数量高居世界第一，网络安全人才的需求数量巨大。据统计，截至 2014 年，我国重要行业信息系统和信息基础设施需要各类网络安全人才 70 余万人，到 2020 年这一数字将达 140 万人，还会以每年 1.5 万人的速度递增。目前，我国仅有 126 所高校设立了 143 个网络安全相关专业，仅占 1200 所理工院校的 10%，不少“985”“211”院校均未设立相关专业。而每年信息安全专业毕业生不足 1 万人，社会培训学员也不足 2 万人，与 140 万人的需求仍存在很大差距。

3. 网络安全人才结构失衡，高端创新型人才极度匮乏

我国网络安全人才不仅数量奇缺，而且结构失衡。从我国网络安全人才教育程度来看，本科学历的信息安全人才占据较大比重，高达 61.8%，硕士研究生以上学历的约占 9.6%，大专约占 25.2%，其他约占 3.4%，高学历人才相对较少。网络空间安全是一门新兴的交叉学科，它综合了通信、电子、计算机、数学、物理、生物、管理、法律等学科，涉及众多领域的知识和技术。目前，我国具备卓越的网络空间安全知识和技术的核心技术攻关型人才和高端战略型人才十

分匮乏，且梯队化培养机制尚未形成。

4. 缺少网络安全专才的发现和培养体系

相比于理论基础坚实、成果丰硕的“学院派”网络安全人才，网络安全的“奇才”和“怪才”对网络安全技术有着强烈的兴趣和热情，他们一般非“科班”出身，实践经验丰富，实战成果丰硕，通过高难度对抗解决实际安全难题，他们“剑走偏锋”的技术往往成为网络空间安全对抗中的“杀手锏”。目前，我国对网络空间安全专才的选拔和培养投入不足，尚未建立针对性的发现和培养体系以及认可机制。网络空间安全专才无法完全为国家网络空间安全事业所用，甚至其中一些人成为危害国家网络空间安全的潜在因素。

5. 网络安全人才培养与现实需求脱节

网络安全是一个综合领域，它要求网络安全人才必须是创新和实用复合型人才，既要具备网络安全领域的相关专业知识，又要具备应对网络安全威胁、处理网络安全事故的实践技能。传统教育重理论知识轻实践能力的培养模式使得高校培养的网络安全方面的毕业生往往与网络安全的现实需求脱节，或者与用人单位岗位不匹配，无法快速适应实际岗位工作需求，不得不进行一年甚至更长时间的二次培训才能适应实际工作需求。

由此可见，必须认清我国当前网络安全人才培养存在问题的紧迫性和严峻性，加大顶层设计力度，打破传统人才培养方面的限制，探索适合我国国情的、多方合作的、多层次、多类型的网络安全人才培养体系，加快我国网络安全人才队伍培养步伐，支撑网络强国建设。

（三）我国网络安全人才建设的措施

“得人者兴，失人者崩。”面对我国网络安全人才建设的严峻局面，要从根本上提高我国网络安全建设水平，实现网络大国向网络强国的转变，必须从我国网络安全的战略需求出发，“建设一支政治强、业务精、作风好的强大队伍，要培养造就世界水平的科学家、网络科技领军人才、卓越工程师、高水平创新团队”。

1. 启动国家网络安全人才培养计划

网络安全人才是网络强国的关键，网络安全人才的培养是一项涉及全党全国

全社会的综合性系统工程，需要全社会的协调联动，这就要强化顶层设计，对网络安全人才建设进行“统一谋划、统一部署、统一推进、统一实施”。要以网络安全需求为导向，制定实施国家网络安全人才发展战略规划，为网络安全人才建设工作提供清晰指引。网络安全人才培养规划主要包括人才培养的目标、机构、方案、考核标准、激励机制和约束机制等方面的内容。规划应对网络安全人才建设提供时间表和路线图，推动实施网络安全高层次人才培养计划，如青年拔尖人才计划等。

2. 建立网络安全人才培养体系

网络安全是一个十分复杂的综合领域，网络安全工作的人才需求也是全方位的，既包括网络空间安全战略人才、网络安全与信息科技领军人才、网络安全和信息技术工程人才、网络安全分析人才，也包括网络安全管理、运行维护人员和技能型操作使用人员，等等。因此，网络安全人才培养是一个系统工程，只有从多方面入手，建立包括政府部门主导培养、安全企业自主培养、高等学校学历教育、用人单位和专业机构社会化培训等在内的人才培养体系，才能在社会各方通力合作协调推进下培养出我国网络安全建设急需的管理和技术人才、领军网络安全领域的高端人才，造就世界先进水平的科学家和技术创新人才群。

3. 加大网络安全人才培养的资金投入

“十年树木，百年树人。”网络安全人才的培养和人才队伍的建设不仅需要耗费时间成本，还需要大量的资金支持。网络安全方面的投入往往数额巨大，效益却又很难立竿见影。即便如此，世界主要网络发达国家无一例外地在网络安全建设方面投入巨资，即使在世界金融危机的大背景下，这些国家对网络安全的资金投入不减反升。与上述国家相比，我国在网络安全方面的投入还有较大差距。要提高我国网络安全建设的整体水平，就必须加大网络安全人才培养的资金投入，对承担国家网络安全人才培养任务的重点高校予以资金支持；设立国家网络安全专项奖学金，鼓励企业设置相关奖学金项目，对信息安全、网络安全专业优秀在校硕士生、博士生进行资助，培养网络安全核心技术人才；定期组织国家级网络安全竞赛等活动，培育鼓励民间网络安全人才脱颖而出的环境和机制，通过强化人才培养促进自主网络安全技术发展。

4. 建立网络安全“奇才”“怪才”培养选拔体系

“互联网领域的人才不少是怪才、奇才，他们往往不走一般套路，有很多奇思妙想。”网络安全领域的奇才和怪才对网络安全有着不同寻常的意义。加强网络安全人才队伍建设，不能把这些奇才和怪才拒之门外。特殊人才要特殊对待，不能按常规“出牌”。对待奇才和怪才，要遵循因材施教和早发现、早培养、早锻炼的原则，鼓励他们“剑走偏锋”。要通过诸如举办网络安全竞赛、创立道德黑客学校和培训班、设立网络安全青少年发展基金等方式，建立我国网络安全专才发现与培养体系，特别是青少年专才的发现与培养体系，吸引青少年学习网络空间安全知识，尽早发现青少年专才，专门培养青少年专才成长成才。

网络安全人才的培养是一个系统工程，要按照系统工程的基本思想，建立网络空间安全人才的培养体系，覆盖各类网络安全人才培养渠道，打通学历培养、职业培训与认证和专才发现与培养等网络安全人才培养通道，为我国网络强国建设源源不断地输送网络安全人才。

六、重点强化关键基础设施安全防护，加快构建关键信息基础设施安全保障体系

关键信息基础设施是关键基础设施的重要组成部分，它是支撑国家关键基础设施的信息系统，如公共通信、广播电视传输等服务的基础信息网络，能源、交通、水利、金融等重要行业和供电、供气、供热、医疗卫生、社会保障等公共服务领域的重要信息系统，军事网络，国家机关政务网络，用户数量众多的网络服务提供者所有或者管理的网络和系统等。习近平总书记指出：“金融、能源、电力、通信、交通等领域的关键信息基础设施是经济社会运行的神经中枢，是网络安全的重中之重，也是可能遭到重点攻击的目标。”加强关键信息基础设施防护是网络发达国家的通用做法，也是提高我国网络安全水平、建设网络强国的必要环节。

（一）网络发达国家关键信息基础设施防护的一般做法

在西方社会，基础设施保护问题原本属于国防军事问题，较少受到公众关

注，特别是随着“冷战”结束，基础设施因遭受攻击或者其他破坏而停止运行的可能性大大降低。随着20世纪90年代中期信息技术革命和互联网的兴起，信息通信技术迅速渗透，给社会生活各方面带来前所未有的变化，同时大幅度扩大了威胁的范围和影响，关键基础设施保护问题重新受到美国等西方国家政府及公众的重视。

1. 美国

在美国网络安全的发展历程中，关键基础设施的网络安全始终是历届政府高度重视的领域。早在1996年，时任美国总统克林顿就发布了行政令《关键基础设施保护》，宣布成立关键基础设施保护总统委员会（PCCIP）。此后，美国先后出台了《关键基础设施保护法案》《联邦信息安全管理法案》《关键基础设施信息法案》《联邦信息安全现代化法案》《网络安全加强法案》《国家网络安全保护法案》《2016年综合拨款法案》等法律以及多部具有法律效力的行政令和总统令。在这些行政令和总统令中，美国政府定义了关键基础设施保护对象，明确了关键基础设施保护范围及责任部门，设立了国家关键基础设施保护指导协调机构，强化了关键基础设施信息共享原则，加强了关键基础设施保护标准的制定，建立了关键基础设施保护教育和培训制度，提出了建设关键基础设施保护技术队伍的措施。由此可见，作为当今世界首屈一指的网络强国，美国政府首倡关键基础设施保护，已经建立起一整套关键信息基础设施防护体系。

2. 日本

日本特别注重关键信息基础设施保护的顶层设计。早在2000年，日本内阁官房就发布了《关键基础设施网络反恐措施特别行动计划》。2005年，日本在修订《关键基础设施网络反恐措施特别行动计划》的基础上，发布了《关键信息基础设施信息安全措施行动计划》，指导政府、关键信息基础设施运营单位以及其他利益相关方开展关键信息基础设施保护工作。同年，日本信息安全规则理事会发布了《保护关键基础设施免遭IT中断和确保关键基础设施供应商业务连续性必要决策的基本方向》，配合前述行动计划的实施。2009年，日本发布了第二版《关键信息基础设施信息安全措施行动计划》，确定了关键信息基础设施保护基本措施和建立公私信息共享的框架，明确了“对环境变化的响应”政策，以应对不

断变化的社会和技术环境。2015 年 5 月，日本网络安全战略总部完成了第二次修订工作，将《关键信息基础设施信息安全措施行动计划》更名为《关键信息基础设施保护基本政策》，其中规定了日本关键信息基础设施保护的目的、原则和保护范围，提出了日本关键信息基础设施保护的具体措施，如建立信息共享机制，通过跨部门演习增强网络安全突发事件响应能力，推动运营商和国家两级风险管理，加强公共宣传、国际合作、标准认证等基础工作，利益相关方应采取的行动等。

3. 德国

德国认为关键信息基础设施是所有关键基础设施的核心，要求公共和私营部门建立更紧密的战略和组织基础，以进一步加强信息共享，同时扩展关键基础设施保护执行计划确立的合作范围，并通过立法强化关键基础设施保护执行计划的约束力。在对 2009 年《联邦信息技术安全法》进行修订的基础上，德国联邦参议院于 2015 年 7 月通过了新的《联邦信息技术安全法》，对能源、信息与通信、交通运输、卫生保健、供水、食品以及金融保险等关键基础设施进行重点保护。该法案明确了信息安全的主管机构、关键基础设施的范围、关键基础设施认定标准和程序以及信息安全主管机构的职责，如安全警示、安全调查、信息评估和共享等，规定了关键基础设施运营者的义务，如设立联络机构、提交安全报告、维持最低安全水平、合规性证明等，从受保护资产的可用性、完整性、保密性和可靠性的角度强化了信息技术安全局的职能，以应对信息技术系统面临的现实和未来的威胁。

4. 英国

英国政府十分重视对关键信息基础设施的保护，一直致力于保护关键国家基础设施免受威胁。英国内阁办公厅于 2009 年制定了《国家信息保障战略》，设置了关键基础设施的分类标准，明确了关键信息基础设施保护的组织机构（内政部）、关键部门和政府机构（国家基础设施保护中心 CPNI、民事应急局 CCS），提出通过政府部门与国家关键基础设施所有者和运营部门合作，确保关键数据和信息系统的持久安全和可恢复性，降低关键基础设施的脆弱性。《国家信息保障战略》还强调，鉴于国家关键信息基础设施的相互连接和相互依赖，政府必须高度重视所有信息系统的保密性、可用性和完整性。

（二）我国关键信息基础设施防护的现状和问题

以习近平总书记为核心的党中央十分重视我国关键信息基础设施的保护工作。2015 年 7 月 1 日颁布实施的《中华人民共和国国家安全法》第二十五条提出了有关关键基础设施和重要领域信息系统及数据安全可控的战略举措，指出国家建设网络与信息安全保障体系，提升网络与信息安全保护能力，加强网络和信息技术的创新研究和开发应用，实现网络和信息核心技术、关键基础设施和重要领域信息系统及数据的安全可控。在 2016 年 11 月 7 日通过并将于 2017 年 6 月 1 日正式实施的《中华人民共和国网络安全法》中，在“网络运行安全”一般规定的基础上，设专节对关键信息基础设施的运行安全作出了具体规定，提出了关键信息基础设施保护的“三同步”（建设关键信息基础设施应当保证安全技术措施同步规划、同步建设、同步使用）原则，明确了关键信息基础设施保护主管部门的职责和运营者的安全保护义务，建立了关键信息基础设施运营者采购网络产品、服务的安全审查制度，并要求建立关键信息基础设施保护相关部门之间的协作机制等。《中华人民共和国国家安全法》和《中华人民共和国网络安全法》的颁布实施为我国的网络安全建设提供了基本法律基础，标志着我国网络安全建设已经迈入新时代。

但是作为世界上网民数量最多的国家和信息化发展最快的国家之一，与网络发达国家相比，我国关键信息基础设施保护还存在一些问题，主要表现在以下几个方面。

1. 关键信息基础设施方面的法律法规还不完善

对关键信息基础设施实施专门保护，不仅依赖相关的科学技术水平和实践操作能力，还需要一套成熟的技术管理制度和相应的法律法规的支撑。如前所述，我国已经颁布了《中华人民共和国国家安全法》和《中华人民共和国网络安全法》，但这只是从宏观和总体上为国家安全和网络安全提供了法律依据，关键信息基础设施方面的专门法规尚未出台，关于此方面的规定散见于各层次法律中，隐含在网络安全方面的惩罚性或保护性规定中，其中效力最高的属《刑法》的规定。而《刑法》只是以破坏广播电视设施、公用电信设施罪和扰乱无线电管理秩

序罪对破坏关键信息基础设施的行为作直接评价，但关键信息基础设施范围明显超出广播电视、公用电信设施和无线电三种设施，因而《刑法》并不能全面评价针对关键信息基础设施的犯罪行为。

2. 相关部门对关键信息基础设施保护能力不够、监管乏力

由于关键信息基础设施分散于各个行业，对关键信息基础设施的保护和监管由国家相关部门和行业主管部门共同执行。现阶段，我国虽已建立国家关键信息基础设施安全风险监测和预警机制，但是各个重要行业或部门对国家关键信息基础设施安全风险的监测和预警能力仍然较弱，需要进一步加强；重要行业或部门对关键基础设施信息安全事件的应急措施不完备，难以对关键基础设施部门突发的信息安全事件进行有效的应急响应与处置，势必影响对关键信息基础设施的保护能力。同时，网络空间虚拟性强且易攻难守，网络安全工作内容复杂、技术性强。这就要求我们必须在国家层面进行统筹规划，组建一支成建制的、体系化的、覆盖全国范围的队伍，对关键信息基础设施实行统一监管。目前我国对关键信息基础设施的监管仍是多头管理，既存在以公安部为主导的规范化、系统化、制度化、覆盖政府机关和关键信息基础设施的信息安全等级保护工作，也存在每年由工业和信息化部主持的仅针对政府部门和个别央企的安全检查工作，还存在如中国人民银行、证监会、银监会、保监会、发改委、国家质量监督检验检疫总局等非主管部门实施的对关键信息基础设施保护的监督管理，这种缺少国家层面统一管理的监管模式不利于我国关键信息基础设施保护工作的有效实施。在这方面，可以借鉴美国的成功经验，建立类似于美国由强力部门（国土安全部）对关键信息基础设施实施监督管理的机制。

3. 关键信息基础设施较为薄弱

一是我国关键信息基础设施产品自主化程度较低。目前我国涉及网络安全核心技术的元器件、关键芯片、核心软件、操作系统和大型应用软件等基础产品自主可控能力较低，严重依赖进口，技术标准也基本引进自国外，国产化短期内难以实现，导致安全风险持续升高。国家关键信息基础设施已经成为网络空间战略的核心目标，一旦国内外敌对势力利用预置“后门”对我国关键信息基础设施发动网络攻击，“就可能导致交通中断、金融紊乱、电力瘫痪等问题，具有很大的

破坏性和杀伤力”，给我国金融、交通、电信等关键信息基础设施安全造成不可估量的损失，直接威胁国家安全。二是我国关键信息基础设施安全技术应用水平相对较低。有效的安全保障技术是保护关键信息基础设施的重要屏障，这些安全技术包括关键基础设施的应急防御技术、密码保护控制技术等，但目前我国安全技术与国外仍存在较大差距，发展自主可控的安全技术，切实保护我国关键信息基础设施的安全，仍然任重而道远。

（三）加快构建我国关键信息基础设施保障体系的措施

关键信息基础设施安全保护既是网络安全与信息化的基础性工作，也是确保网络安全、建设网络强国的重要手段。我国应充分发挥政府对关键信息基础设施影响大的优势，开展立法与战略研究，采取有效措施，建立协调统一的工作机制，加强技术研发和标准制定，建设完善的关键信息基础设施保障体系，切实做好国家关键信息基础设施安全防护。

1. 法律法规方面

要尽快推动国家关键信息基础设施方面的专门立法，加强法律保护力度。目前，关键信息基础设施保护方面的专门法律保障仍属空白，现行法律对关键信息基础设施的保护力度明显孱弱。因此，需要进行针对关键信息基础设施的专项立法，建立健全高低层级相辅、法律和技术规范相协调的关键信息基础设施法律保护体系，加强关键信息基础设施的保护力度，加快关键信息基础设施安全的刑事立法进程。关键信息基础设施的所有权并不是单一的，既有国家重点信息设施，如电信网络设施，也有社会公众服务信息设施，如一些重要的公益性组织信息网络设施，还有涉及面广、影响力大的公司企业的信息网络设施。为了保障国家安全和社会公共安全，必须从刑事层面明确具体关键信息基础设施保护法规。因此，要从具体分析每一类关键信息基础设施刑法应当保护的内容出发，修改现行《刑法》中涉及关键信息基础设施存在冲突的法条规定，完善现行《刑法》未涵盖的关键信息基础设施类型，形成完整的关键信息基础设施的《刑法》保护体系。

2. 技术方面

要建立技术排查机制，完善安全风险评估机制。当前我国某些重要的关键信

息基础设施仍依赖从发达国家进口，这无疑会产生潜在的安全威胁。对此，要建立和完善审查排除机制，健全关键信息基础设施进口审查制度，对重要的服务器、路由器、交换机、存储器、计算机等网络设施进行技术审查，把安全风险降到最低。同时，要加大技术创新支持力度，推动关键信息基础设施国产化进程。关键信息基础设施研发和保护技术的落后势必产生诸多安全隐患，甚至威胁到国家安全。对此，要加大技术创新支持力度，积极推动关键信息基础设施开发建设的国产化进程，力争以最快的速度开发出符合我国国情、自主可控的关键信息基础设施产品和保护技术，逐渐减少进口产品，降低对国外网络资源和设施的依赖度。

3. 监管机制方面

关键信息基础设施是物理性设备，从设备的生产销购到安装调试，再到上线运营以及后期维护等各个阶段，都必须有相应的机构进行监督和管理，做到对每一个阶段、每一项进程、每一套设备、每一个组件都能实施定点、定期、定级的监督和管理。这就需要在中央网络安全与信息化领导小组的统筹协调下，加强工业和信息化部、公安部以及其他相关部门在关键信息基础设施保护工作上的协调配合，加强政府部门、行业机构与企业间的信息共享，构建分期多级的交互监管机制，明确各级主体的责任义务，共同实施全程、动态监管，确保国家关键信息基础设施安全可靠。

七、提升预警发现、应急响应能力，建设攻防兼备、协同联动的网络安全应急响应体系

网络技术是一把“双刃剑”，它给人们带来许多便利，在一定程度上提高了人们的生活水平，同时它也隐藏着巨大的安全风险。当前，网络攻击行为日益猖獗，频频发生网络安全事件。网络安全事件是紧急突发事件，往往给人们的生产和生活带来不可预期的影响。然而，就人类目前的技术水平和道德水准，尚无法彻底预测和杜绝网络安全事件的发生，这就要求我们除建立相对完善的网络安全体系之外，还必须建立针对网络安全事件的应急响应体系，将网络安全事件造成的损失降到最低。所谓应急响应，通常是指一个组织为了应对各种突发事件所做

的准备，以及在事件发生后所采取的措施。简单地说，应急响应是指对突发安全事件进行响应、处理、恢复、跟踪的方法及过程。

（一）网络发达国家和地区在网络安全应急响应方面的主要做法

网络安全事件具有突发性，其破坏性强、影响范围广，往往在极短的时间内造成不可估量的损失。鉴于此，美国、英国、德国、法国等网络发达国家普遍将网络安全的应急响应纳入顶层设计之中，作为网络安全的战略目标和优先选项，同时强化网络安全应急管理协调机制，理顺网络安全应急响应流程，维护本国的网络安全和国家利益。

1. 美国

美国前总统奥巴马在 2009 年 1 月就职后要求对美国的网络安全状况展开为期 60 天的全面评估。随后提交的《网络空间政策评估》报告建议，任命网络安全官员，负责协调美国的网络安全政策和行动，同时制定《网络安全事件应急计划》。奥巴马根据建议，任命了美国政府网络安全协调员，领导新成立的白宫网络安全办公室，负责协调制定联邦政府军事和民事部门的网络安全政策。同年 11 月，美国国土安全部成立国家网络安全和通信综合中心（NCCIC），整合国土安全部下属的多个国家网络安全中心和应急响应小组，成为协调指挥美国网络安全各项行动的中枢。2010 年 9 月，美国国土安全部代表联邦政府制定并发布了《国家网络应急响应计划》（NCIRP），作为 NCCIC 协调网络安全的机制框架和行动纲领，并展开“网络风暴Ⅲ”演习，对该计划内容进行了测试检验。2015 年，美国国防部发布《国防部网络战略》，将网络安全应急管理纳入其战略目标，强调要通过增加情报和预警能力，及时预见网络威胁，“保护美国本土和核心利益免遭破坏性网络攻击”。美国政府网络安全协调员的任命、国土安全部的整合优化及国家网络安全和通信综合中心与应急小组的成立，以及相关法案的颁布实施，大大提升了美国对网络安全事件的应急处理能力和水平。

2. 欧盟

欧盟在《欧盟网络安全战略》中将提升恢复力作为战略重点，强调必须通过实质性努力，增强欧洲公共和私营部门的防御、监测和处理网络安全事件的能

力；同时，欧盟提出为重大网络事件或攻击提供支持，制定进一步提升预防、监测和应对网络事件能力的措施，成员国彼此之间要更加密切地了解重大网络事件或网络攻击。在此基础上，欧盟各成员国也提出了自己的网络安全应急战略措施。

《英国网络安全战略》明确提出要加强现有实力，继续提高对尖端网络威胁的侦测分析能力，重点聚焦关键国家基础设施及其他与国家利益相关的系统，提升态势预警与响应能力；提出建设安全、可靠、可恢复的系统以加强应对各种网络攻击的准备和防护，提高快速反应能力；持续增强政府通信总部和国防部监测以及防御网络威胁的自主能力，组建网络事件应急响应小组，负责协调国家级别的网络安全事件处理。

按照《德国网络安全战略》的部署，德国组建了国家网络响应中心，该中心由来自联邦武警局、联邦警察局、联邦情报局、国防军、海关以及关键基础设施运营等部门的人员组成，直接与联邦宪法保护局及联邦民众保护和灾难援助局开展合作，并向联邦信息安全局作例行和特殊报告，在即将或已经发生网络安全危机的情况下，中心可以直接向内政部长指挥的危机管理部门报告并采取措施。

《法国信息系统防御和安全战略》将网络安全监测、警报和响应作为主要任务之一，提出增强对网络攻击的监测能力并应用于政府网络，及时发出预警信息，帮助其了解攻击性质并采取适当的防御措施。法国国家信息系统安全局设立了“操作室”，实时呈现国家网络形势图像和进行危机形势管理，管理检测工具和监视装置收集的或合作伙伴转达的所有信息。法国还提出要能够更迅速地采取必要措施，应对那些可能影响或威胁政府当局或重要运营商信息系统安全的危机事件。

（二）我国网络安全应急响应体系的现状和存在的问题

《中华人民共和国网络安全法》首次将网络安全应急工作纳入法律，并将“监测预警与应急处置”单独作为一章，对网络安全监测预警、信息通报、应急机制、预警发布、应急处置等作出了详细规定，为我国网络安全应急工作的开展提供了有力的法律依据。为了规范应急工作，在《中华人民共和国网络安全法》发布以前，我国已经发布了多份应急法规和规范性文件，如《中华人民共和国突发事件应对法》《突发事件应急预案管理办法》《国务院办公厅关于加快应急产业发展的意见》等。据统计，我国公开发布的省级应急预案共22项，国务院部门也制定了57项部门应急预案，这些预案与前述应急法规和规范性文件一起，标志着我国已经基本形成了多级预案体系。

然而，由于我国互联网起步相对较晚，国家关键信息基础设施、网络安全技术与管理体系等与网络发达国家仍有较大差距，在网络安全应急体系建设方面还存在一些问题与不足，主要表现在以下几个方面。

1. 网络安全应急响应工作协调不够

《中华人民共和国网络安全法》（以下简称《网络安全法》）对我国相关部门在网络安全应急工作中的职能和责任作出了规定：由国家网络信息部门协调有关部门建立健全网络安全应急工作机制，制定网络安全事件应急预案，并定期组织演练；负责关键信息基础设施安全保护工作的部门应当制定本行业、本领域的网络安全事件应急预案，并定期组织演练；当网络安全事件发生的风险增大时，省级以上政府有关部门应当按照规定的权限和程序，并根据网络安全风险的特点和可能造成的危害采取一系列措施。《网络安全法》还规定，国务院电信主管部门、公安部门和其他有关机关依照本法和有关法律、行政法规的规定，在各自职责范围内负责网络安全保护和监督管理工作。由此可见，我国网络安全应急工作体现了顶层设计的原则和思路，但对相关职能部门在网络安全应急工作中的具体职责缺少详细而明确的规定。长期以来，我国网络安全管理职能部门数量众多，彼此间条块分割，职责相互交叉，难以进行有效的协调联动。这种情况在一定时期内还会存在，并制约着我国网络安全应急工作的高效展开。

2. 网络安全风险形势研判能力不足

网络攻击不像物理战场，后者刀光剑影炮声隆隆，而网络攻击却是风平浪静不见销烟。这使得网络安全具有很强的隐蔽性，一个技术漏洞、安全风险可能隐藏几年都难以发现。知己知彼方能百战不殆，网络安全风险的隐蔽性要求我们未雨绸缪，提前感知网络安全态势，准确研判网络安全风险。然而，我国属于网络安全领域的新兴国家，尚未探索出一套行之有效的网络安全风险研判机制和方法，同时缺乏对抗网络攻击的实战经验，对各类信息系统的运行状态、网络攻击行为、网络攻击目的等信息反应较迟钝，对相应网络安全风险形势的研判能力明显不足。

3. 网络安全应急响应措施不力

我国网络安全领域的重要软件和硬件都严重依赖进口，缺少自主可控的关键信息基础设施和网络安全技术，一旦发生影响我国利益的网络安全事件，很难拿出有力的应急措施，使网络安全应急工作陷入被动。2014 年 4 月 8 日，微软停止了对 Windows XP 的服务，导致我国 70%～80%的 Windows XP 用户受到影响，至今还没有有力的应急措施。这只是一个非突发的民用安全事件，如果突然发生严重侵犯我国国家利益的网络安全事件或网络战争，而我们又不能立即采取有力的应急响应措施，将给国家安全和国家利益造成不可估量的损失。

（三）加强我国网络安全应急响应体系建设的对策建议

为了提高我国网络安全应急响应的能力，加快由网络大国向网络强国挺进的步伐，笔者提出如下建议。

1. 明确网络应急管理相关部门的具体职责，加大机构协调力度，提高重大网络安全事件应急响应能力

《网络安全法》等相关法律已经对我国网络安全应急响应的协调机构、工作部门的基本职责作出了规定，要在此基础上通过立法方式进一步细化相关部门在网络安全应急响应中的具体职责，进一步强化国家网信部门对网络安全应急响应工作的协调力度，理顺网络安全应急响应流程，统筹各方统一行动，真正形成由国家网信部门统一协调、职能部门各司其职整体联动的强大合力，明显提高重大网络安全事件应急响应的效率和水平。

2. 制定全面、具体、操作性强的网络安全应急行动预案，开展有针对性的应急演练

从应急响应的法律法规和规范性文件的制定数量和覆盖范围来看，我国多级预案体系已经基本形成。要在国家网信部门的统一协调下，进一步整合和完善相关行动预案，理顺关系，分清类型，减少应急响应行动的盲目性，增强应

急预案的针对性和可操作性，提高网络安全应急响应的效率和水平。基于对潜在危险源可能导致突发公共事件的预测，有计划地开展应急演练，通过演练提高各职能部门的风险意识和公众的安全意识，检验预案各环节在执行过程中的可行性、有效性和科学性，及时总结经验，对网络安全应急响应预案进行补充完善。

3. 研究建立国家级的网络态势感知预警系统和重要资源灾难备份系统

习近平总书记指出："维护网络安全，首先要知道风险在哪里，是什么样的风险，什么时候发生风险，正所谓'聪者听于无声，明者见于未形'。"对于网络安全应急响应，感知网络安全态势是基础工作，没有意识到风险是最大的风险。要在中央网络安全和信息化领导小组的统一领导下，充分发挥网信部门的协调职能，统筹各种资源，协调各方行动，研究建立国家级的网络态势感知预警系统，感知和研判潜在的网络安全风险，提前做好应急响应预案，增强网络安全应急响应的灵敏度和有效性。同时，要建立国家基础信息网络和重要信息系统重要资源灾难备份系统，在发生网络安全事件后紧急启动，尽快恢复网络安全秩序，最大限度地减少网络安全事件造成的损害。

4. 建立和完善网络安全应急响应体系

网络安全关系国计民生，网络安全应急响应是一项综合性系统工程，只有建立起由中央网络安全和信息化领导小组统一领导、网信部门统筹协调、各职能部门整体联动、全体社会成员共同参与的网络安全应急响应体系，才能真正提高网络安全应急响应的效率，提高我国网络安全建设的整体水平。为此，可以从两个层面进行顶层设计：一是成立由中央网络安全和信息化领导小组直接领导的网络安全应急中心，作为中央政府应对特别重大突发公共事件的应急指挥机构，统一指导、协调和督促网络安全应急工作，建立不同网络、不同系统、不同部门之间应急处理的联动机制。二是把分散在各部门的网络安全应急管理职能加以适当整合，并根据突发公共事件分类的特点及管理重点，从中央到地方统一网络安全应急管理机构，将不同业务部门涉及的不同类型网络安全应急机制与系统有机地统筹起来，提升网络安全应急体系与系统的应急指挥、协同部署的效能与效率。

八、协同共建，借力国际合作，建设和平安全开放合作的网络空间

互联网让世界变成了地球村，国际社会越来越成为你中有我、我中有你的命运共同体。各国只有开展网络安全国际合作，平等参与国际网络规则的制定，共同打击网络恐怖主义和网络犯罪活动，才能更好地维护各国和全球网络安全。

（一）网络发达国家网络安全国际合作概况

1. 美国

美国是当今世界最发达的国家之一，也是首屈一指的网络强国，但这并不意味着它在网络安全领域能够独善其身自行其是，相反，美国政府非常清楚，在全球互联时代，要想成功地实施其网络安全战略、实现美国的战略利益，必须与其他国家尤其是大国进行沟通和协调，寻求国际合作。2011 年 5 月，美国出台了《网络空间国际战略——网络化世界的繁荣、安全与开放》，首次提出要“协调美国与国际伙伴在所有网络空间事务上进行接触”的设想，宣称要建立一个“开放、互通、安全和可靠”的网络空间，并为实现这一构想勾勒出政策路线图，内容涵盖经济、国防、执法和外交等多个领域，“基本概括了美国所追求的目标”。2015 年 4 月 28 日，白宫表示将通过共享威胁信息加强和扩展与日本在网络安全事务方面的合作。美日两国决定在应对网络安全事务及其他冲击网络经济的领域确立联合战线，两国网络联盟将通力合作，寻求建立“和平网络标准”。同年 5 月 18 日，美国国务卿克里访问韩国，两国承诺加强网络安全合作；8 月，美国和印度举行网络对话，两国官员发布联合公告，称美印双方确定了诸多相互合作的机会，欲加强两国在网络安全能力建设、网络安全技术研发、打击网络犯罪、国际网络安全及互联网治理等方面的合作，并寻求开展一系列后续活动，加强双方在网络安全方面的合作伙伴关系，确保取得卓有成效的结果。同时，美国还加强了与波斯湾地区的盟国、邻国加拿大和墨西哥的网络安全合作。

2. 日本

2000 年，日本政府提出“IT 基本法”作为日本所有信息技术政策的基础。

2001年1月，隶属于日本首相官邸的IT战略本部提出了“e-Japan战略”，其宗旨是使每个日本国民都能灵活运用信息技术，最大限度地享受信息技术带来的便利和好处，建设知识创造型社会。自“e-Japan战略”提出以来，进行国际合作一直是日本政府网络安全政策的重要内容。2013年10月，日本发布了《网络安全战略》，进一步提出了创造“世界领先的网络空间”这一目标，将国际合作作为一项重要政策进行了规划，并表示将制定网络安全相关的国际战略。同年年底，以《网络安全战略》为基础，日本信息安全政策会议正式公布了《网络安全国际合作方针》，阐述了日本进行网络安全国际合作的政策方向与合作领域，以及在世界各地区的合作计划。2015年8月，日本发布了新版《网络安全战略》，提出要加强国际合作，积极参与网络空间国际规则制定，加强与其他国家不同程度的合作，特别强调与同盟国美国通过日美网络对话等方式进行全方位的紧密合作。在日本的网络安全国际合作中，与美国的网络安全合作最为密切，两国网络安全合作起步早、层次高、次数多，涵盖内容也十分广泛。除美国外，日本与澳大利亚、欧盟及其成员国、以色列、印度、东盟国家也开展了网络安全方面的合作。

3. 英国

英国是世界网络强国之一，网络防护技术水平一直处于世界前列。据悉，在所有G20（20国集团）国家中，英国是第一个具备抵御网络攻击能力的国家。在网络安全国际合作方面，英国充分发挥世界大国的影响力，利用其美国“铁杆”盟友的身份优势，与世界各国及国际组织开展合作。英国网络安全和信息保障办公室负责英国与国际伙伴和国际组织之间的合作，推动建立网络空间国际行为准则，设立网络能力建设基金，用于支持开展国际网络安全合作，为其他国家提供网络安全方面的建议和指南，对网络空间国际规则制定施加影响。由于特殊的盟友关系，英国在网络安全方面特别重视加强与美国的合作，确保自己在网络安全技术方面的优势。英国也注重与其他国家如澳大利亚、新西兰、加拿大、印度、中国等的网络安全合作。中国和英国互联网圆桌会议是中英两国政府在互联网领域重要的常态化交流机制，自2008年以来每年举办一次，每次都富有成果，这对促进两国政府和业界在互联网领域的交流合作发挥了积极作用。此外，英国还与联合国等国际组织开展了网络安全合作。

4. 德国

德国政府认为，网络安全必须通过国内和国际两个层面才能较好地实现。2011 年 2 月德国公布了《德国网络安全战略》，提出要加强国际协调与合作，在欧洲及世界范围内采取有效的协调措施，确保欧洲和世界范围的网络安全。在欧盟方面，德国政府支持采取基于行动计划的适当措施保护重要信息基础设施，根据信息通信技术的安全形势以及欧盟机构内部信息技术能力的汇集，适当扩大欧洲网络与信息安全局（ENISA）授权，依照欧盟内部安全战略和数字议程开展进一步的网络安全行动。在欧盟以外，德国建议出台由多数国家签署的国家网络行为准则，支持“北约”新战略关于建立统一的安全标准的承诺，同时强调要加强与国际组织如联合国、欧洲安全组织、欧洲委员会、经济合作组织等的网络安全合作，提高共同应对网络安全威胁的能力。

（二）我国开展网络安全国际合作的进展

在网络安全建设方面，我国一直倡导通过规范网络空间安全制度凝聚国际合作共识，加强国际合作。2014 年 7 月，习近平主席出访巴西，并在巴西国会上作了《弘扬传统友好 共谱合作新篇》的演讲，其中强调：“国际社会要本着相互尊重和相互信任的原则，通过积极有效的国际合作，共同构建和平、安全、开放、合作的网络空间，建立多边、民主、透明的国际互联网治理体系。”[①] 国际互联网治理体系概念的提出，为我国通过加强国际合作确保网络安全提供了新的理论指导，我国互联网安全国际合作迈开新的步伐，并取得了丰硕的成果。

2015 年 5 月 10 日，国家主席习近平出访莫斯科庆祝“二战”胜利 70 周年之际，中俄两国签署了《中华人民共和国政府和俄罗斯联邦政府关于在保障国际信息安全领域合作协定》，规划了中俄开展合作的主要方向，包括建立共同应对国际信息安全威胁的交流和沟通渠道，指出国家主权原则适用于信息空间，并一致同意不对对方发动网络攻击，相互给对方提供支持。2016 年 6 月，俄罗斯总统普京访问中国，中俄两国元首共同发表了《中华人民共和国主席和俄罗斯联邦总统关于协作推进信息网络空间发展的联合声明》，指出包括中俄在内的各国都拥

① 习近平．弘扬传统友好 共谱合作新篇［N］．人民日报，2014－07－18（1）．

有重要的共同利益与合作空间，理应在相互尊重和相互信任的基础上，就保障信息网络空间安全、推进信息网络空间发展的议题，全面开展实质性对话与合作。

2015 年 9 月，习近平主席对美国进行国事访问，在互联网领域取得了一系列成果，双方在调查恶意网络活动、打击网络犯罪及相关事项高级别联合对话机制、国家安全审查等方面取得共识，中美两国在网络安全领域的合作迈出坚实的步伐。2015 年 12 月，第一次中美打击网络犯罪及相关事项的高级别联合对话在美国举行，这是落实习近平主席访美成果的重要举措，也是中国网络安全战略能力体系建设的重要进展。2016 年 6 月 14 日，第二次中美打击网络犯罪及相关事项高级别联合对话在北京举行，继续就网络安全桌面推演、热线机制、网络安全保护、执法信息交流和能力提升、涉网案件调查等重要议题进行了会商。2016 年 12 月 7 日，国务委员、公安部部长郭声琨和美国司法部部长洛蕾塔·林奇、国土安全部部长杰伊·约翰逊在华盛顿共同主持了第三次中美打击网络犯罪及相关事项高级别联合对话，旨在对网络犯罪或其他恶意网络行为的信息和协助请求响应的时效性和质量进行评估，并加强打击网络犯罪、网络保护及其他相关事项的双边务实合作。

2015 年 10 月，习近平主席对英国进行国事访问，中英两国就打击网络犯罪问题签署了“高级别安全对话协议”，旨在防止以盗窃知识产权或瘫痪系统为目的的针对两国企业的网络攻击，并同意互不监视对方企业的知识产权及机密信息。该协议是中英两国首次在网络安全领域开展合作的成果，也向未来两国更加广泛的网络安全合作迈出了第一步。2016 年 6 月 13 日，中英双方代表在北京举行了首次中英高级别安全对话，为中英两国在打击恐怖主义、打击网络犯罪和有组织犯罪、加强国际地区安全问题合作等方面搭建了一个新的交流与合作平台。

2015 年 10 月 15 日，中日韩网络安全事务磋商机制第二次会议在韩国首尔举行，三方在会议上就网络攻击、各国网络政策、共同打击网络犯罪及恐怖活动等问题交换意见。10 月 30 日，中国工业和信息化部与韩国未来创造科学部在北京共同召开了中韩信息通信主管部门网络安全会议，双方一致认为，中韩两部门应互相借鉴网络安全管理和技术方面的经验，加强网络安全交流合作，共同提升网络安全管理水平。

我国也非常重视与国际组织的网络安全合作，并取得了一定成效。2009 年以来，我国已在东南亚国家联盟、上海合作组织、金砖国家等国际组织框架内就

网络安全问题进行多边磋商，协调政策，签署了《中国-东盟电信监管理事会关于网络安全问题的合作框架》《上合组织成员国保障国际信息安全政府间合作协定》等。2011 年，俄罗斯、中国、塔吉克斯坦和乌兹别克斯塔四国在第 66 届联合国大会上提出《确保国际信息安全的行为准则草案》，力促通过联合国框架内的互联网行为准则。2012 年 12 月，国际电信世界大会就国际电信联盟新电信规则进行讨论，网络安全和互联网治理也在议题之列，中俄等 89 个主要发展中国家予以签署。2016 年 7 月，我国与联合国在北京共同举办了网络安全国际研讨会，来自 20 余个国家、联合国相关机构、国际组织、智库和企业的 80 余名代表参加会议，代表们围绕网络空间形势、国际规则制定、数字经济务实合作、互联网治理等问题进行深入探讨。

为促进各国在互联网领域的共识、合作和共赢，我国倡导并成功举办了世界互联网大会。世界互联网大会由国家互联网信息办公室和浙江省人民政府共同主办，已成功举办了三届，三次会议的主题分别是“互联互通·共享共治”“互联互通·共享共治——构建网络空间命运共同体”“创新驱动 造福人类——携手共建网络空间命运共同体”。世界互联网大会为中国与世界的互联互通和国际互联网共享共治搭建起了中国平台，为世界各国在互联网领域的国际合作做出了重要贡献。

（三）我国在网络安全国际合作中面临的挑战和对策

随着网络技术的进一步发展和网络对人类社会生活影响的日益加深，网络安全国际合作已是大势所趋。由于各个国家都有不同的国家利益，在开展网络安全国际合作的同时往往具有一定的狭隘性。这种情况对网络规模较大、网络实力相对较弱的网络新兴国家尤为不利。我国作为网络大国，在积极开展网络安全国际合作的同时必须勇于面对挑战，坚守自己的国家利益。

1. 我国在网络安全国际合作中面临的挑战

我国在网络安全国际合作中面临的主要挑战有两个方面，一是网络主权受到威胁，二是网络话语权受到压制。

在网络主权方面，美国认为，网络空间是由人类创造出来的虚拟空间，具有“全球公域”属性，并利用美国在信息网络技术方面的巨大优势，通过跨越国界

的网络空间，将权力触角不断伸向其他国家的主权边界，在全球布控，将其纳入美国的全球公域战略。美国的战略目标是通过在“全球公域”建立霸权，攫取这个没有明确国家属性空间的资源与权力，同时限制竞争对手进入公共空间，获取政治、经济、军事资源。美国通过“伦敦会议”“布达佩斯会议”等平台不断倡导建立全球统一的“网络公共空间”，推行“民主自由价值观”，而英国、日本、韩国及其他欧洲发达国家与美国密切配合，共同推出欧美版本的“布达佩斯公约”国际网络安全治理等模式。在这种情况下，我国与美国、欧洲、日本等网络强国（地区）之间在网络安全方面的国际合作，网络主权必然会受到威胁。

我国是社会主义国家，在意识形态方面与以美国为首的网络发达国家存在着巨大差异，同时，由于我国快速发展，一定程度上挑战了美国的霸权地位。在网络空间，美国等发达国家利用信息技术方面的先发优势，力图制定符合自身利益的网络规则，独霸网络话语权，竭力排挤我国在网络空间中应有的权力，打压我国网络话语权。一直以来，以美国为首的西方国家全力鼓噪和渲染“中国网络威胁论”，污蔑中国的国际形象，恶化中国的国际环境，打压和遏制中国的信息产业发展，并将中国作为重点监控对象。继 2012 年年底美国以“威胁国家安全”为由拒绝中国的华为、中兴公司入境后，2013 年美国国务院与国会、国土安全部、国防部、财政部、司法部等部门密切配合，采取正式举动，将反制中国“网络威胁”纳入立法及司法领域。虽然近年来我国与美国、欧洲诸国加强了网络安全方面的国际合作，但网络话语权受到压制的局面没有改变。

2. 应对挑战的对策

网络空间并非所谓“全球公域”，它建立在信息基础设施之上，存在于国家和社会之间，具有明确的主权属性。网络主权是国家主权在网络空间中的自然延伸，是国家主权的重要组成部分，因而同样不容侵犯。面对美国等网络发达国家对我国网络主权的威胁和对我国网络话语权的压制，一方面要加快研究，形成与国际接轨的维护网络安全的话语体系，在联合国等国际组织框架内积极宣示我国的安全主张，凝聚国际共识；另一方面应积极利用上海合作组织、金砖国家等参加的地区和国际组织，建立和强化网络安全双边、多边协调机制，既解决网络安全现实问题，也为我国的和平崛起营造良好的国际网络空间。

九、提升国民网络安全意识和技能，全面打赢网络安全人民战争

网民是网络的使用者，也是网络安全的建设者和维护者。网民安全意识水平的高低是一国网络建设水平高低的直观反映。培养和提升全民的网络安全意识已经成为网络安全的首要任务之一，许多国家都将此作为一项战略行动予以重视。长期以来，美国、日本、欧盟等许多国家和地区都在开展不同形式的网络安全意识宣传普及。我国网民的网络安全意识还有待提高，要提高我国网络安全的整体建设水平，必须下大力气提升全民网络安全意识和技能，打赢一场网络安全的人民战争。

（一）网络发达国家和地区国民网络安全意识教育概况

1. 美国

美国作为互联网的发源地和网络强国，特别重视公众的网络安全意识，每年都投入大量的资源和人力，宣传和提高公众的网络安全意识，并取得了重要的成果。早在2003年，美国就将制定网络安全教育计划写入《保护网络安全国家战略》中，并于2004年启动了国家“网络安全意识月”活动，确定将每年的10月定为“网络安全意识月”。在这个月中，联邦政府与各地政府一起，通过开展一系列活动，向公众宣传网络安全注意事项，为中小企业提供支持服务，并在此基础上建立一套行之有效的运行机制。美国以“网络安全意识月”活动为抓手，建立机制化的网络安全宣传体系。2012年美国发布了《网络安全教育战略计划》(NICE)，旨在通过教育培训提高各地区、各年龄段公民的网络安全意识和技能，促进美国经济繁荣和保障国家安全。美国政府还制订了一系列计划，提高全民信息安全意识和深化信息安全培训。近年来，美国不仅进一步加强国内的资源整合，并且加强了与其他国家的“网络安全意识月”之间的协同联动，将其在网络安全意识方面的成果向全世界传播。

2. 欧盟

近年来，欧盟开展了丰富多样的全民网络安全意识教育活动，最有名气和影

响力的当属“欧洲网络安全月”。欧洲网络安全月（ECSM）是针对欧洲民众的网络安全意识教育宣传活动，于每年10月开展，由欧盟网络与信息安全局和欧盟委员会通信网络、网络数据和技术总司以及其他合作伙伴共同发起，旨在通过开展数据和信息安全的高峰会议、实践分享和竞赛等线上、线下活动，提升大众对网络威胁变化的感知能力。“欧洲网络安全月”自2011年开始举办，至今已经成功举办了6届。在“安全月”期间，欧盟往往会组织境内的网络安全公司、相关机构开展大量的网络安全宣传活动，向公众展示欧盟面临的网络安全威胁，同时也会提供大量的阅读材料和实践，教育普通用户和企业正确看待自身面临的网络安全威胁，以及如何提高网络安全意识，面对网络安全威胁应该采取何种应对措施等。欧盟网络与信息安全局还专门制作了网站，将这些材料以电子文档的形式免费提供给包括欧盟用户在内的全球所有网民。

3. 日本

日本很重视培养和提升公众的网络安全意识。2010年，日本设定了“信息安全月”，每年举办一次。2013年6月，日本首次用“网络空间安全”替代“信息安全”，将网络安全提升至国家安全和危机管理的高度，并将“信息安全月”改为“网络安全意识月”，每年2月举办，以政府和社会合作的方式广泛开展网络安全教育活动，提升公众网络安全意识。在“网络安全意识月”期间，包括日本总务省、文部科学省、经济产业省、警察厅等中央政府部门及网络安全政策委员会、日本科学未来馆、日本网络安全协会、日本计算机应急响应小组、情报处理推进机构、国家信息和通信技术研究所等行业机构，组织有关单位举办相关预防网络威胁的会议、论坛、培训等，以此引起整个社会和公众对网络安全的关注和重视。从2014年起，日本又将每年2月的第一个工作日定为“网络安全日”，并组织开展相关教育活动；将每年的3月18日定为“网络空间攻击应对训练日”，由国家警察厅、防务省、经济产业省、内阁官房信息安全中心等机构联合组织开展网络战学习，配合“网络安全意识月”加强网络安全宣传警示工作。

（二）我国网络安全意识培养的现状与不足

我国非常重视对公众网络安全意识的培养。我国从2014年开始每年举行

“网络安全宣传周”活动，旨在帮助公众更好地了解、感知身边的网络安全风险，增强网络安全意识，提高网络安全防护技能，保障用户合法权益，共同维护国家网络安全。我国“网络安全宣传周”已经举办了三届，前两届以“共建网络安全，共享网络文明”为主题，围绕金融、电信、电子政务、电子商务等重点领域和行业网络安全问题，针对社会公众关注的热点问题，举办网络安全体验展等系列主题宣传活动，营造网络安全人人有责、人人参与的良好氛围。2016 年 9 月 19～25 日，我国第三届“网络安全宣传周”在武汉举行，本届网络安全宣传周以“网络安全为人民，网络安全靠人民”为主题，第一次在全国范围内统一举办。第三届“网络安全宣传周”首次举办了由国内知名院士专家、大型互联网和网络安全企业的高管、相关部门的负责同志以及来自俄罗斯、美国、英国、以色列、南非、新西兰和中国香港的企业领袖及专家等共同参与的网络安全技术高峰论坛，这些业界领袖和专家们围绕网络安全人才培养创新创业、大数据安全技术与实践、提高网民素养、智慧城市建设与安全保障、网络安全标准与技术、核心技术与自主创新等多个影响网络安全的主题和因素进行研讨，提出了应对网络安全问题的对策。本届“网络安全宣传周”还举办了网络安全电视知识竞赛，表彰了网络安全先进典型，征集展映网络安全公益广告，对提高公众的网络安全意识和防护技能具有十分重要的意义。

然而，我国作为新兴网络大国，网民数量巨大，网络安全意识仍然十分薄弱，个人隐私防护意识、电脑手机维护意识、网络诈骗防范意识普遍不高。同时，与网络发达国家相比，我国在网络安全意识的培养上还存在不足之处，主要表现在以下几个方面：一是国家层面缺乏有关公民网络安全应知应会等方面知识的普及宣传，在混业经营大趋势下的跨行业监管缺乏有效的联动，长期以来形成的多部门齐抓共管的监管模式使网络安全监管存在盲区和“真空”地带，客观上给不法分子以可乘之机；二是“重事后剖析、轻事前警示”，系列网络诈骗事件之后的专家分析、行业警示较多，这种亡羊补牢式的网络安全管理模式缺少对受骗人群的事前安全意识教育或警示；三是国家关键信息基础设施相关部门和人员的安全意识亟待提升，在互联网关键节点的监控力度不够、预警服务不周，对网络安全突发事件的应急响应和干预不足；四是存在“一窝蜂”现象，针对同一事件的不同专家、厂商的重复性分析存在抄袭或引发争论，而很多其他事件却无人问津。

（三）我国全民网络安全意识教育的措施建议

全民网络安全意识教育已经成为许多国家政府部门一项重要的常规性工作。与国外相比，我国网络安全意识教育的覆盖面十分有限，并且缺乏持续性。为提升我国全民网络安全意识，提高我国网络安全建设整体水平，针对我国网络安全意识的实际情况，提出以下建议。

1. 制定实施提高全民网络安全意识和技能的国家计划

以普及网络安全知识、提高网络安全意识、塑造全民网络安全文化为目标，根据公民个人、小型企业、大型企业、科研院所、党政机关等不同层面、不同人群的网络安全需求和结构特点，有重点、分步骤地开展教育培训，提高针对性和有效性，采取刺激措施鼓励各主体自行主动开展网络安全培训。计划要有原则，有目标，有任务，有措施；实施计划要明确分工，责任到人，既有组织者、协办者，又有管理者、检查者；要事先有通知、有宣传，活动有协调、有保障，事后有总结、有评估；同时，要将综合性、长期性网络安全意识教育与专项性、短期性网络安全意识教育结合起来。

2. 开展形式多样、覆盖全面的网络安全意识教育活动

运用选修课、报告会以及知识竞赛、夏（冬）令营等方式，宣传网络安全知识和安全防范技术，开展中小学课堂教育和高等院校等各教育层面的网络安全知识普及活动，使更多的学生尽早接受网络安全教育，提高网络安全意识。国家和地方政府主管部门与企业、行业组织、社团组织合作，开展多层次、多形式、多样化的网络安全意识教育主题活动，如网络安全主题日（周、月）、网络安全研讨会、论坛、展览以及网络安全主题知识竞赛等。

3. 拓展公众网络安全意识教育途径

面向儿童、青少年、个人用户等普通公众和中小企业，建立国家网络安全意识教育权威网站、官方微博或微信公众号，针对网络欺诈、钓鱼网站等网络犯罪行为以及垃圾邮件、僵尸网络等安全威胁，生动鲜活地向公众和中小企业传播网络安全知识，在线提供各种基本防护工具，为公众和中小企业获取网络安全知识

创造开放、便捷的环境和条件，并为他们遇到网络安全威胁时采取恰当的保护措施提供建议和支持。

网络空间是全体网民的共同家园，维护网络安全是全体大众的共同责任，只有全社会成员共同行动起来，以主人翁的姿态认真履行每个网民应尽的职责，学习网络安全知识，提高网络安全意识，打一场网络安全领域的人民战争，我们的网络家园才能真正天朗气清、生态良好，我国网络安全建设的整体水平才能真正得到提高。

主要参考文献

［1］习近平．在网络安全和信息化工作座谈会上的讲话［M］．北京：人民出版社，2016.

［2］周显信，程金凤．网络安全：习近平同志互联网思维的战略意蕴［J］．毛泽东思想研究，2016（3）.

［3］巨乃岐，欧仕金，等．信息安全——网络世界的保护神［M］．北京：军事科学出版社，2003.

［4］吴晔．加快国家网络安全力量建设势在必行［EB/OL］．（2014-08-18）［2016-10-19］. http://theory.people.com.cn/n/2014/0818/c40531-25487779.html.

［5］汪玉凯．网络安全战略意义及新趋势［EB/OL］．（2014-06-06）［2016-10-19］. http://world.people.com.cn/n/2014/0606/c1002-25114051.html.

［6］庄荣文．以信息化驱动现代化 助力实现中华民族伟大复兴中国梦［N］．人民日报，2016-7-28（7）.

［7］［美］P. W. Singer，Allan Friedman．网络安全：输不起的互联网战争［M］．中国信息通信研究院，译．北京：电子工业出版社，2015.

［8］程工，孙小宁，张丽，等．美国国家网络安全战略研究［M］．北京：电子工业出版社，2015.

［9］习近平．互联网让世界成为命运共同体［EB/OL］．（2015-12-15）［2016-10-22］. http://news.sohu.com/20151215/n431410402.shtml.

［10］周鸿祎．万物互联时代到来 安全挑战前所未有［EB/OL］．（2014-09-24）［2016-10-22］. http://tech.sina.com.cn/i/2014-09-24/13069640714.shtml.

［11］刘希慧．奥巴马政府的网络安全战略研究［D］．长沙：湖南师范大学，2014.

［12］张显龙．互联网时代维护国家安全的战略思考［J］．中国信息安全，2013（7）.

［13］巨乃岐．试论信息安全与信息时代的国家安全观［J］．天中学刊，2005（2）.

［14］王强．论信息安全在国家安全中的战略地位［D］．济南：山东师范大学，2006.

［15］杨国辉．网络安全国际合作已成大趋势［J］．中国信息安全，2015（12）.

［16］汪玉凯．网络安全与信息化发展进入新的历史阶段［J］．中国信息安全，2014（5）.

［17］国家发展和改革委员会高技术产业司，中国信息通信研究院．大融合、大变革——国务院关于积极推进“互联网＋”行动的指导意见［M］．北京：中共中央党校出版社，2015.

［18］［美］伊恩·艾瑞斯．大数据思维与决策［M］．宫相真，译．北京：人民邮电出版社，2015.

［19］习近平．在庆祝中国共产党成立95周年大会上的讲话［N］．人民日报，2016-7-2（2）.

［20］习近平．在第二届世界互联网大会开幕式上的讲话［EB/OL］．（2015-12-17）［2016-10-22］. http://news.xinhuanet.com/zgjx/2015-12/17/c_134925295.htm.

［21］习近平．弘扬传统友好 共谱合作新篇——在巴西国会的演讲［EB/OL］．（2014-07-17）［2016-08-10］. http://news.xinhuanet.com/world/2014-07/17/c_1111665403.htm.

［22］邬贺铨．建久安之势 成长治之业［J］．中国信息化，2015，12（11）.

［23］邬贺铨．维护网络安全必须有过硬技术［N］．人民日报，2014-5-19（5）.

[24] 倪光南. 核心技术不能受制于人 [J]. 中国信息化，2015，12 (11).

[25] 陈骞. 欧、美、日网络安全战略发展分析 [J]. 上海信息化，2015，12 (1).

[26] 张朋智. 构建网络空间命运共同体：主权为先、安全为重 [J]. 中国信息安全，2016，7 (1).

[27] 鲁炜. 坚持尊重网络主权原则 推动构建网络空间命运共同体——学习习近平总书记在第二届世界互联网大会上重要讲话精神的体会与思考 [J]. 中国信息安全，2016，7 (1).

[28] 汪雷. 学习领会习近平同志的网络安全哲学思想 [C] //第 15 届全国技术哲学学术会议论文集 . 合肥，2014.